MANUTENÇÃO EM UNIDADES DE BENEFICIAMENTO DE GRÃOS E SEMENTES

Blucher

Maria Laura Gomes Silva da Luz

Ádamo de Sousa Araújo

MANUTENÇÃO EM UNIDADES DE BENEFICIAMENTO DE GRÃOS E SEMENTES

Manutenção em unidades de beneficiamento de grãos e sementes

Editora Edgard Blücher Ltda.

Publisher Edgard Blücher
Editor Eduardo Blücher
Pré-produção Aline Flenic
Coordenação editorial Rafael Fulanetti
Coordenação de produção Andressa Lira
Produção editorial Gabriella Oliveira
Preparação de texto Ana Lúcia Santos
Diagramação Roberta Pereira de Paula
Revisão de texto Samira Panini
Capa Laércio Flenic
Imagem da capa iStockphoto

Blucher

Rua Pedroso Alvarenga, 1245, 4° andar
04531-934 – São Paulo – SP – Brasil
Tel.: 55 11 3078-5366
contato@blucher.com.br
www.blucher.com.br

Segundo o Novo Acordo Ortográfico, conforme 6. ed. do *Vocabulário Ortográfico da Língua Portuguesa*, Academia Brasileira de Letras, julho de 2021.

Dados Internacionais de Catalogação na Publicação (CIP)
Angélica Ilacqua CRB-8/7057

Luz, Maria Laura Gomes Silva da
Manutenção em unidades de beneficiamento de grãos e sementes / Maria Laura Gomes Silva da Luz, Ádamo de Sousa Araújo. – São Paulo : Blucher, 2024.
196 p.

Bibliografia
ISBN 978-85-212-2272-9

1. Equipamento agrícola – Manutenção e reparos 2. Grãos – Armazenamento – Equipamentos – Manutenção e reparos 3. Sementes – Armazenamento – Equipamentos – Manutenção e reparos I. Título II. Araújo, Ádamo de Sousa

24-4604 CDD 631.3

Índices para catálogo sistemático:
1. Equipamento agrícola – Manutenção e reparos

Conteúdo

Prefácio

O objetivo deste livro sobre manutenção de unidades de beneficiamento de grãos e sementes (também chamadas UBG e UBS) é apresentar os métodos e as técnicas para se realizarem manutenções nas unidades que ainda não têm tradição de rotina destas práticas, como indústrias de outras áreas. É importante a implementação da manutenção a fim de que se tenha um trabalho seguro e com menores custos.

Esta publicação foi elaborada na tentativa de sensibilizar os profissionais que atuam na área de Engenharia de Processamento de Grãos e Beneficiamento de Sementes sobre os cuidados a serem adotados na sua rotina de operação. Os temas discutidos nesta obra podem servir de ponto de partida para correções de desvios, melhorias de processos ou até mesmo para ajudar a "semear" a cultura da segurança nas UBG e UBS brasileiras, inclusive prevenindo acidentes.

Agradecemos a colaboração dos Profs. Alex Leal de Oliveira, Carlos Alberto Silveira da Luz e Wolmer Brod Peres.

Os autores

CAPÍTULO 1
Introdução

As unidades de beneficiamento de grãos e de sementes (UBG e UBS), que abrigam os equipamentos para o processamento dos grãos e/ou das sementes, necessitam de manutenção, como qualquer unidade industrial, seja de seus componentes elétricos, seja de componentes mecânicos ou da obra civil.

As UBG processam grãos, que, na sua maioria, serão matérias-primas, ou os próprios alimentos para consumo humano direto; portanto, trata-se de indústrias de alimentos, e como tais devem ser consideradas. Ao se beneficiarem, por exemplo, arroz ou feijão, no final da linha de produção, estes alimentos são embalados e vão direto para o mercado consumidor. Outros grãos vão para indústrias de ração ou de produção de óleo, que, da mesma forma, têm padrões exigentes.

As UBS precisam manter a qualidade para ofertarem ao mercado sementes de alta qualidade, capazes de manter seu potencial de germinação e vigor adequado à semeadura.

Então, esse tipo de agroindústria requer os cuidados de manutenção de seus equipamentos como qualquer outro tipo de indústria.

Pesquisas mostram que um terço de todos os custos de manutenção é desperdiçado. Isso ocorre porque a manutenção desnecessária ou realizada de forma inadequada, por uma gestão ineficaz, pode levar a paradas inesperadas, perdas de produção e aumento dos custos de reparo. Isso pode resultar em produtos de qualidade inferior, que podem ser rejeitados pelos clientes.

No caso das indústrias norte-americanas, que gastam mais de 200 bilhões de dólares por ano com manutenção, esse desperdício pode representar um impacto significativo nos lucros e na produtividade.

As perdas de tempo de produção e da qualidade do produto que resultam da gestão inadequada da manutenção têm tido grande impacto sobre as condições brasileiras de competir no mercado internacional. Isso ocorre porque algumas empresas brasileiras estão em desvantagem quanto a empresas de outros países que adotam melhor gerenciamento de produção e manutenção.

A gestão ineficaz da manutenção é causada, principalmente, pela falta de dados fatuais sobre a condição dos equipamentos e sistemas da planta industrial. Isso dificulta a identificação da real necessidade de reparo ou manutenção.

Em muitos casos, o cronograma de manutenção é estabelecido com base em dados de tendência estatística ou na falha real de equipamentos. Isso pode levar a paradas inesperadas, perdas de produção e aumento dos custos de reparo.

Para se melhorar a gestão da manutenção, é importante coletar dados fatuais sobre a condição dos equipamentos e sistemas. Isso pode ser feito por meio de inspeções regulares, monitoramento de vibrações e outros métodos.

Atualmente, há uma crescente conscientização de que a gestão adequada da manutenção é essencial para a qualidade do produto, para diminuir os custos de produção e incrementar o lucro básico. Isso significa que a manutenção não é mais vista como um mal necessário, mas, sim, como um investimento que pode trazer benefícios significativos para as empresas.

O desenvolvimento tecnológico, notado no uso de instrumentos de medição modernos, computadores, sensores e automação, facilitou a gestão da manutenção de equipamentos industriais. Isso permitiu que os gestores acompanhassem melhor os processos produtivos e identificassem a necessidade de reparos com maior antecedência.

A capacitação de pessoal também contribuiu para a melhoria da gestão da manutenção. Os profissionais capacitados estão mais preparados para reduzir ou eliminar reparos desnecessários, evitar falhas graves dos equipamentos e minimizar o impacto negativo da manutenção sobre o rendimento da planta.

Os programas de gerência de manutenção de plantas industriais baseiam-se geralmente em dois tipos de manutenção: manutenção corretiva (rodar até a falha) ou manutenção preventiva. Essas técnicas serão discutidas mais adiante.

Em uma UBG, o custo operacional total deve considerar os custos de recepção, limpeza, secagem, beneficiamento, armazenamento, expedição, pessoal (fixo e temporário), quebra técnica, depreciação imprevista do produto, administração, seguros, controle de efluentes e diminuição das vendas de resíduos.

Os custos com a manutenção são fixos e, geralmente, são considerados como 1% ao ano sobre o valor total da estrutura da unidade (moegas e silos, por exemplo) mais 6 a 10% ao ano sobre o valor dos equipamentos. Esse total dividido pela quantidade de produto recebido pela Unidade gera um valor em dinheiro por tonelada de produto, que será o custo operacional da Unidade. Além disso, deve ser considerada a depreciação da Unidade, em geral, de 25 anos, e dos equipamentos, de 15 anos. Ao final desse tempo, passam a valer 20% do valor de aquisição.

Portanto, os custos de manutenção podem ser relevantes dentro do levantamento contábil de uma Unidade.

CAPÍTULO 2
Falhas dos equipamentos

Inicialmente, é necessário conceituar *falha* como o nome genérico atribuído a um funcionamento anormal de um componente qualquer de uma máquina, não permitindo que ela exerça sua função operacional. Alguns sinônimos para falha são: pane, quebra, ruptura, enguiço e várias outras denominações, dependendo do hábito do operador e dos termos regionais usados.

Os equipamentos de uma UBG ou UBS quebram por algumas razões, citadas a seguir:

- erros de projeto;
- má operação;
- matéria-prima do processo inadequada;
- falha de montagem ou manutenção;
- falta de conservação (manutenção planejada);
- utilização acima das especificações do projeto.

A manutenção desses equipamentos tem grande importância tanto na qualidade do produto beneficiado como no custo embutido no processo. O reparo corretivo de certos equipamentos pode custar caro e paralisar o andamento dos trabalhos em períodos críticos, como na safra.

A paralisação operacional devido à quebra de um equipamento pode acarretar grandes prejuízos no período de safra, tanto pelo valor do conserto do equipamento em si, como pelo custo operacional da Unidade ociosa devido à parada para consertar a quebra. Essa parada poderá ser maior, caso a Unidade esteja localizada em regiões rurais distantes, onde não haja disponibilidade rápida de peças de reposição, não encontradas em estoque. Portanto, haverá um custo de material de reposição imobilizado para pronta substituição em Unidades bem planejadas. Em uma UBG, uma falha durante a safra pode causar uma parada retroativa de todo o processo industrial, que poderá se refletir até a colheita caso a parada seja longa, pois, não havendo espaço para se receberem os grãos e beneficiá-los, haverá uma espera de caminhões cheios, atrasando todo o processo.

A manutenção pode recuperar parte de uma máquina danificada pelo envelhecimento físico, adaptando-se e otimizando-se o equipamento pela inovação tecnológica, de modo que ele seja reintegrado no processo produtivo. Para os projetistas, a manutenção é um feedback essencial para o aperfeiçoamento do equipamento.

A aplicação de sistemas de manutenção adequados pode levar a uma redução dos custos operacionais, contribuindo para o aumento e a preservação da produtividade do sistema.

Além disso, a manutenção adequada ajuda a conservar o capital investido nas instalações, prolongando sua vida útil e evitando a necessidade de substituições precoces.

2.1 TIPOS DE FALHAS

Os tipos de falhas são:

- retirada do equipamento do serviço pelo operador de forma intencional, mesmo que o equipamento esteja funcionando corretamente;
- falhas de desempenho, ligadas à eficiência do equipamento;
- falhas catastróficas, que levam à perda repentina da capacidade de um sistema de funcionar.

2.2 CLASSIFICAÇÃO DAS FALHAS

As falhas podem ser classificadas em:

- **falha permanente** – não permite o desempenho adequado do equipamento ou sistema por se tratar de componentes defeituosos, até que o defeito seja sanado pela sua substituição ou por retorno da energia que eventualmente tenha sido interrompida;

- **falha intermitente** – esse tipo de falha é uma das que causam mais transtornos, porque aparece e desaparece repentinamente. Dá origem a uma ausência de função do componente ou dispositivo do equipamento durante um curto tempo, voltando à função a ser executada logo depois, permanecendo por um longo tempo. Nesses casos, é comum existirem dificuldades em se detectar qual o componente é o responsável pelo transtorno.

Segundo a velocidade com que aparecem as falhas, tanto permanentes como intermitentes, elas podem ser classificadas como:

- **falha evolutiva** – pode ser prevista ou predita por meio de ensaios ou exames periódicos, permitindo que sejam tomadas providências antes de ela atingir a fase catastrófica;
- **falha abrupta** – é aquela que não é prevista, acontecendo abruptamente, sem sinal prévio.

Observa-se que ambos os tipos descritos podem ser combinados, dando origem à seguinte classificação:

- **rompimento** – falha em materiais quebradiços e dúcteis de forma abrupta;
- **ruptura** – falha em materiais quebradiços e dúcteis de forma evolutiva.

Quanto aos modos de ruptura:

- **cisalhamento** – quando for provocado um esforço cortante ou uma deformação da superfície por forças que agem em sentidos iguais ou contrários, mas na mesma direção;
- **tração** – quando a força é aplicada numa direção perpendicular à superfície do corpo. Por exemplo, no aço dúctil, nota-se a superfície fosca cinzenta e grande diminuição da seção. No aço duro, nota-se a superfície brilhante e rugosa;
- **desgaste** – quando as falhas são originadas pelo uso normal de componentes que, devido ao uso, desgastam-se em conformidade com o que foi previsto durante a fase do projeto. Essas falhas podem ser preditas e evitadas mediante um programa adequado de manutenção preditiva. Trata-se de perda do material; modificações do acabamento, dureza, composição química e de outras características da superfície do componente;
- **uso inadequado** – quando há utilização do componente ou dispositivo com um regime de trabalho que implica tensões superiores àquelas para as quais o mesmo

foi projetado. Essas falhas são muito comuns, e o caso mais comumente observado é o aumento da rotação de bombas, correias e roscas transportadoras, visando a maior velocidade ou fluxo.

2.3 INTRODUÇÃO À MANUTENÇÃO EM UBG E UBS

A manutenção é uma forma racional de se minimizarem os custos operacionais, além de manter o encarregado informado sobre o quanto pode confiar nos equipamentos durante os períodos de safra, quando funcionam por longo tempo.

A ideia de manutenção surgiu no final do século XIX, com o surgimento da mecanização das indústrias. Durante a Segunda Guerra Mundial, as fábricas passaram a ter de manter uma produção mínima, enfatizando a necessidade de manutenção. Já dos anos 1940 aos anos 1960, com o avanço das indústrias aeronáuticas, ocorreu a criação de critérios para manutenção preventiva.

No entanto, os conceitos consagrados de manutenção, que são utilizados nas indústrias em geral, raramente são aplicados na área de Engenharia de Processamento de Produtos Agrícolas, na qual se incluem UBG e UBS, de forma metódica, observando as técnicas disponíveis. A manutenção preditiva, um dos conceitos e aplicações da manutenção, começou a ser aplicada na década de 1970. No início, era uma ferramenta importante para aumentar a produtividade, mas passou por uma evolução significativa nos anos 1990, tornando-se ainda mais relevante.

Ao se substituir, por exemplo, uma correia do acionamento do motor, garante-se que o funcionamento do sistema não será interrompido; ou, quando se inicia a ondulação da tela de uma máquina de ar e peneiras, esta deve ser substituída. Quando o *plug* de um cabo elétrico se danifica, este deve ser trocado por um novo; ou quando infiltrações começam a aparecer em poços de elevadores ou moegas, deve-se fazer a restauração ou reforma. Quando ocorrem problemas no isolamento no sistema elétrico, estes devem ser refeitos para a prevenção de um curto-circuito. Todas essas tarefas, que visam à não interrupção do funcionamento das Unidades, procuram aumentar a confiabilidade e a previsibilidade da sua operação. A combinação dessas ações técnicas e administrativas chama-se *manutenção*.

Na manutenção em Unidades de beneficiamento de produtos agrícolas, deve-se considerar que, além das questões vinculadas à mecânica, eletricidade e outros, trabalha-se com um material que será utilizado como alimento humano ou animal, o grão, ou que precisa estar viável, no caso das sementes. Portanto, trata-se de uma indústria que lida com material biológico, que requer todos os cuidados necessários para produção de alimentos ou qualidade fisiológica de seu produto.

A finalidade da manutenção é predizer falhas e/ou detectar mudanças no estado físico dos equipamentos, a tempo de se evitarem quebras ou estragos maiores, principalmente se eles ocorrerem durante a safra, que é o período mais crítico de operação dessas Unidades. A manutenção pode ser realizada por meio de técnicas orientadas para monitorar máquinas e equipamentos em funcionamento.

O primeiro e, talvez, o mais importante procedimento de manutenção a ser realizado é a limpeza, que considera desde a varredura geral da Unidade até a remoção de materiais descartados pelas máquinas. A seguir, pode-se considerar a limpeza das máquinas e equipamentos da linha de produção, removendo a poeira depositada, diminuindo o risco de explosão de pó e facilitando a manutenção propriamente dita destes equipamentos.

A limpeza interna e externa dos equipamentos e da Unidade torna o ambiente mais saudável e organizado, influenciando a imagem da Unidade, propiciando um ambiente adequado ao trabalho, além do aumento da qualidade dos produtos processados.

Além disso, a manutenção deve ser realizada levando-se em conta todos os procedimentos de segurança, respeitando-se as normas, e com atenção da equipe, que deve utilizar EPI e trabalhar com as máquinas desligadas.

Os gerentes de UBG e UBS e/ou responsáveis pela manutenção destas devem traçar um plano de manutenção, para, assim, reduzirem-se ou evitarem-se perdas durante o funcionamento da Unidade, o que ocorre com mais intensidade durante a safra.

2.4 AQUISIÇÃO DE EQUIPAMENTOS

Durante o planejamento da aquisição de um equipamento, é importante se considerarem algumas ações:

- verificar se o equipamento foi desenhado especificamente para sementes ou para determinada espécie de grão;
- observar se há facilidade na reposição de peças e acessórios;
- obter informações sobre se existem acessórios com dimensões próprias para cada cultura (peneiras, cilindros etc.);
- verificar se é facilitada a inspeção, a limpeza, a manutenção e os reparos no equipamento;
- obter o maior número possível de informações sobre o fabricante;
- dimensionar o equipamento de modo que ele tenha a capacidade adequada para o fluxo da UBG ou da UBS, para se evitarem pontos de estrangulamento na linha de processamento;
- observar o tipo de fixação que o equipamento requer para evitar vibrações excessivas, se no chão, em plataformas etc.;

- verificar se o equipamento, uma vez sendo adquirido para beneficiar uma determinada espécie, possui ajustes disponíveis para esta ou para outras espécies – no caso de beneficiamento de sementes forrageiras, quanto mais ajustes a máquina tiver, melhor;
- verificar se partes ou elementos da máquina podem causar danos mecânicos às sementes e aos grãos.

Deve-se, ainda, considerar que, no preço de aquisição de um equipamento, devem ser acrescidos os custos de transporte, de seguro e, às vezes, de montagem. Também deve-se acrescentar um custo adicional de cerca de 25% para a aquisição de peças de reposição ou difíceis de se conseguir em pronta-entrega.

Por fim, deve-se manter sempre à mão o catálogo do equipamento, pois ele, em geral, contém valiosas informações.

CAPÍTULO 3
Tipos de manutenção

Os tipos de manutenção são: *corretiva*, *preventiva* e *preditiva*. Alguns autores ainda incluem *detectiva* e *engenharia de manutenção*. Essa ordem de apresentação dos tipos de manutenção está baseada na rotina atualmente utilizada nas Unidades de beneficiamento.

Uma manutenção inadequada ocasiona perda financeira, perda de tempo, produção ineficiente, depreciação rápida do equipamento, desperdícios; e as apólices de seguros ficam mais caras.

3.1 MANUTENÇÃO CORRETIVA

A manutenção corretiva é realizada quando falhas e erros ocorrem, não sendo prevista nem planejada, o que ocasiona perdas de produção devido à parada obrigatória de funcionamento do equipamento – e, às vezes, de uma linha de produção – e requer uma equipe de manutenção sempre de sobreaviso para sanar a falha no momento que ela ocorrer. É uma manutenção de emergência.

Esse tipo de manutenção deve ser considerado como último recurso, pois é realizado quando há necessidade de se fazerem reparos por quebras, durante o processamento, muitas vezes tendo de se fazerem paradas em momentos inoportunos, o que causa grandes transtornos e perdas no processo. Além disso, hoje em dia, não há mais estoque de peças nas Unidades e, muitas vezes, também nas revendas, em função dos altos custos para se fazerem essas correções não programadas no momento da necessidade. Como consequência, as paradas devido às falhas e quebras tornam-se ainda mais demoradas, o que continua sendo uma prática normal nas UBG e UBS, o que é inadequado.

As desvantagens da manutenção corretiva são:

- há a necessidade de uma equipe de manutenção superdimensionada;
- não se tem controle sobre a quantidade de peças e equipamentos a se manterem no estoque;
- não se prevê tamanho de equipe de manutenção nem treinamento para pessoal especializado (capacitação);
- há, em geral, um conserto paliativo, sem se conhecer a causa da falha, que pode ser, inclusive, a consequência da falta de manutenção preventiva;
- assiste apenas casos de falhas concretas, nos quais a gravidade e a grandeza da pane são, geralmente, maiores;
- não se tem um programa de assistência, por ela ser imprevisível, o que, como consequência, aumenta o tempo de realização do serviço e, às vezes, obriga o pessoal a improvisar uma solução do problema;
- ocasiona maior quantidade de horas improdutivas;
- paralisa e interfere no processo produtivo da Unidade;
- o equipamento se deteriora mais rapidamente pelo improviso da manutenção;
- diminui o índice de confiabilidade;
- pode comprometer a qualidade do produto, devido ao tempo de espera, em especial se houver grãos úmidos, dependendo do tipo de operação paralisada.

As vantagens desse tipo de manutenção são muito restritas e aplicadas a:

- equipamentos em stand-by;
- equipamentos de baixo custo de reposição;
- equipamentos que possuem curta vida útil, de baixo custo e de tecnologia simples;
- equipamentos de baixa carga produtiva com independência cronológica no programa de beneficiamento.

A manutenção corretiva caracteriza-se por não ser periódica, mas por dever, em algum momento, ser realizada, isto é, quando as falhas e os erros ocorrem.

A manutenção corretiva pode ser classificada em:

- **manutenção corretiva não planejada ou manutenção não previsível:** quando a correção da falha ou do erro é feita de maneira aleatória, após a ocorrência do evento, o que causa perdas na produção, tem alto custo, além de expor os equipamentos a danos mais severos por comprometimento secundário devido à falha em questão. Nesse caso, não há planejamento; a falha do equipamento é que aciona a equipe de manutenção;
- **manutenção corretiva planejada ou manutenção previsível:** quando a correção é planejada em um cronograma ou planejamento preditivo, detectivo ou até pela decisão gerencial de se operar até que a falha ocorra. Por ser planejada, implica menor custo, é mais segura e mais rápida;
- **manutenção por demanda ou imprevista:** manutenção de emergência, quando a assistência técnica é chamada para solucionar um problema do equipamento depois de ocorrida a "falha", que interrompe o processo produtivo, obrigando à parada de forma imprevista.

A manutenção corretiva é uma decisão de gerência de somente reagir quando ocorrer uma falha da máquina ou equipamento, sem antes haver qualquer ação de manutenção. Esse é o método mais oneroso de gerência de manutenção, pois, quando a falha ocorre inesperadamente, o processo tem de ser interrompido, o produto pode se deteriorar durante a espera de solução do problema, e a falha em si pode comprometer outros elementos do equipamento, o que não aconteceria se ela tivesse sido evitada. No caso de haver uma falha longe de um local fornecedor da peça ou elemento que precisa ser trocado, como é comum no meio rural, e essa peça não se encontrar no estoque, a gerência tem de fazer um novo planejamento do processo (se for possível) e do pessoal, para processar o produto com as mínimas perdas possíveis.

O ideal é que cada vez menos Unidades industriais sigam a filosofia de gerência de manutenção corretiva ou de rodar até a falha. Melhor é, pelo menos, realizarem-se tarefas preventivas básicas, como lubrificação e ajustes das máquinas, mesmo adotando um sistema de manutenção corretiva. Entretanto, nesse tipo de gerência, o usual é que as máquinas e os equipamentos da Unidade não sejam revisados e não sejam realizados grandes reparos até que o equipamento falhe em sua operação.

Os maiores problemas associados com esse tipo de gerência de manutenção são: elevados custos para manter em estoque muitas peças sobressalentes, custos de horas extras de trabalho, muito tempo de paralisação da máquina ou de toda a Unidade, dependendo da máquina que falhar, e consequente baixa produtividade.

Como a manutenção corretiva não antecipa os requisitos de manutenção, a gerência deve ser capaz de reagir a todas as possíveis falhas dentro da Unidade. A equipe também tem de reagir rapidamente para realizar a manutenção. Essa gerência reativa forçará a equipe de manutenção a manter caros estoques de peças sobressalentes, que poderão incluir máquinas-reserva ou, pelo menos, todos os principais componentes para todos os equipamentos críticos da Unidade. Para se manter esse estoque, tem-se um alto custo de capital imobilizado. Outra alternativa é contar com revendas e vendedores de equipamentos que disponham em pronta-entrega de todas as peças sobressalentes necessárias, o que, no meio rural, muitas vezes, é bastante dificultado, inclusive por questões de longas distâncias e de transporte.

Mesmo que a revenda disponha de peças para pronta-entrega, estas, provavelmente, serão vendidas com valores maiores e com menor espaço de negociação destes. Isso sem considerar o aumento dos custos do reparo de peças e de tempo paralisado necessário para corrigir as falhas das máquinas. Portanto, esse tipo reativo de gerência de manutenção é de maior custo e menor disponibilidade de equipamentos e peças para suprir a linha de processamento. Um reparo realizado de forma corretiva ou reativa à falha terá, em média, um custo em torno de três vezes maior do que o custo do reparo se este fosse feito de modo programado ou preventivamente.

Um programa preventivo do reparo minimizaria o tempo do reparo e os custos associados de mão de obra, reduzindo o impacto negativo de remessas expeditas de peças de reposição e de produção perdida.

3.2 MANUTENÇÃO PREVENTIVA

É a assistência técnica dada conforme uma programação, quando inspeções são executadas com frequências prefixadas e com o intuito de antecipar falhas latentes, prevenindo, desta forma, paradas devido a falhas.

A manutenção preventiva resulta do monitoramento, para fazer reparos programados a fim de prevenir que determinado problema ocorra, sendo uma ação planejada e sistemática que visa à prevenção das falhas. É realizada por meio de programas de inspeção, reformas, reparos, entre outros, realizada em intervalos definidos de tempo.

O monitoramento permite um aumento de rendimento do processo produtivo, porque, não havendo falhas imprevistas, os equipamentos poderão funcionar mais tempo sem paradas para manutenção, e as peças de reposição já estarão à disposição da equipe no momento da manutenção planejada, fazendo-se a parada no momento mais adequado.

O planejamento, em geral, é estabelecido por meio de métodos e dados estatísticos que permitem a previsão da vida útil média dos equipamentos e seus componentes. Os programas de manutenção preventiva consistem em fazer reparos ou reformas, lubrificação, ajustes e recondicionamento de máquinas em toda a linha de processamento.

Uma das desvantagens desse tipo de manutenção é que as peças poderão ser substituídas antes do término de sua vida útil, o que aumenta os custos.

A manutenção preventiva aumenta o rendimento do processo produtivo, uma vez que equipamentos e instalações estarão disponíveis por um tempo maior para a operação, sem a necessidade de paradas não previstas. Esse tipo de manutenção baseia-se em uma programação preestabelecida, normalmente em função de dados estatísticos sobre a vida útil média dos componentes dos equipamentos. Contudo, há pontos negativos, como a realização da substituição prematura de componentes, o que impacta nos custos da manutenção. Os dados estatísticos, por se basearem em médias, não levam em conta a real evolução da vida útil dos equipamentos, dando a impressão, muitas vezes, de que a troca é desnecessária, por ter sido antecipada.

A manutenção preventiva é mais eficiente quando é capaz de determinar qual o intervalo de tempo mais adequado para ser realizada. Se os intervalos forem menores que o necessário, serão previstas paradas e trocas de peças sem necessidade. Se, por outro lado, forem dados com pouca frequência, há o risco de ocorrerem quebras antes de a peça ser substituída, gerando-se uma manutenção corretiva.

Por estar baseada em tempo, a manutenção preventiva é chamada de *time based maintenance* (TBM), ou seja, manutenção baseada no tempo.

As vantagens e desvantagens da manutenção preventiva são apresentadas a seguir.

Vantagens:

- reduz as horas improdutivas;
- aumenta a vida útil do equipamento;
- aumenta o índice de confiabilidade;
- aumenta o valor em uma possível revenda do equipamento;
- diminui o consumo de peças de reposição;
- reduz os custos totais operativos de manutenção.

Desvantagens:

- precisa de uma estrutura funcional racional, organizada e definida;
- necessita de pessoal treinado;
- aumenta o índice de burocratização;
- possui um grau médio de confiabilidade quanto à prevenção de falhas;
- precisa de tempo para chegar a seu funcionamento efetivo desde sua implementação (em média um ano);
- exige desmontagem do equipamento parcial ou totalmente.

Essa manutenção é utilizada, principalmente, quando a falha tiver o potencial de provocar problemas sérios, contaminação ambiental ou outro problema grave. É observada, na prática, por exemplo, em unidades beneficiadoras que secam grãos ou sementes, quando, na entressafra, o secador é desmontado para limpeza e reparos, sendo deixado em boas condições de uso para a próxima safra.

Essa manutenção é uma prática comum também em empresas que, baseadas em dados estatísticos, trocam todas as lâmpadas de iluminação próximo ao tempo previsto para sua duração, estejam elas queimadas ou não, fazendo com que uma única equipe monte escadas ou andaimes uma só vez para as trocas. Com isso, reduzem custos de mão de obra, de parada do trabalho, de movimentação de andaimes, entre outros.

A UBG ou UBS deve estar em condições de trabalho, pelo planejamento detalhado e monitoramento constante, buscando avaliar as condições de funcionamento dos equipamentos. Isso é obtido com uma boa gestão de manutenção por meio de listas de registros de ocorrências, gestão eficiente de compra de peças de reposição e um sistema informatizado de controle.

A equipe deve ser treinada e capacitada para realizar a manutenção e fazê-la conforme a realidade de cada Unidade. Toda a equipe, inclusive gerentes e proprietários, deve estar comprometida com a gestão de manutenção, pois a negligência significa que a manutenção que deveria ser preventiva se tornará corretiva, ocasionada por eventuais quebras que não foram evitadas a tempo, causando desperdícios, retrabalho, perda de tempo, esforço humano, prejuízos financeiros e diminuição da produtividade e da qualidade.

As perdas por falta de manutenção em uma UBG/UBS ocorrem, na maioria das vezes, por:

- desgaste dos equipamentos;
- operação a vazio (espera);
- defeitos de produção (qualidade);
- imperícia;
- queda de produtividade.

O gerente é responsável por desenvolver dispositivos e documentos que auxiliem no planejamento e na manutenção da Unidade. Essas ferramentas permitem que ele direcione e difunda ações, colete dados, analise-os e controle os custos e a organização das atividades.

Além de corrigir os problemas que já ocorreram, é importante planejar como lidar com situações inesperadas. Isso pode ser feito por meio de procedimentos e rotinas que orientem os trabalhadores sobre como proceder, de modo geral e em cada caso específico.

A equipe de manutenção deve ter o conhecimento necessário para selecionar e aplicar um programa de manutenção abrangente e eficaz em termos de custo. A manutenção preditiva baseada em vibração é a técnica recomendada para a maioria dos programas de manutenção, pois as UBG e UBS possuem equipamentos mecânicos. No entanto, é preciso utilizar várias técnicas para monitorar todas as máquinas, os equipamentos e os sistemas de uma Unidade.

A manutenção preditiva pode ser realizada por meio de várias técnicas de monitoramento, incluindo análise de vibração, ultrassom, ferrografia, tribologia, monitoria de processo, inspeção visual e outras técnicas de análises não destrutivas. A combinação dessas técnicas oferece os meios ideais de monitorar diretamente todos os equipamentos e sistemas críticos de uma Unidade.

Como mencionado, existem muitas definições de manutenção preventiva. No entanto, todos os programas de manutenção preventiva são baseados no tempo ou nas horas de operação. A curva do tempo médio para falha (CTMF), também conhecida como *curva da banheira* (Figura 3.1), mostra que uma máquina nova tem uma alta probabilidade de falha durante as primeiras semanas de operação, devido a problemas de instalação. Após esse período inicial, a probabilidade de falha é relativamente baixa e constante por um longo período. Após o período normal de vida útil da máquina, a probabilidade de falha aumenta abruptamente devido ao desgaste natural das peças.

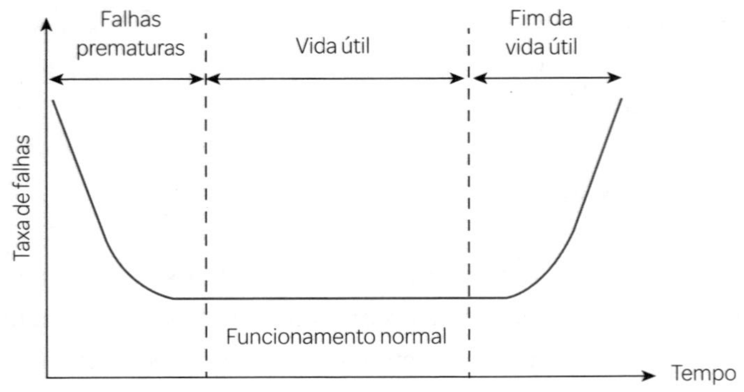

Figura 3.1 Curva em forma de banheira de tempo médio para falha.
Fonte: Adaptada de Loscilia, 2019.

A estatística CTMF é utilizada na gerência de manutenção preventiva, para realização de reparos ou recondicionamentos das máquinas.

A execução da manutenção preventiva é bastante variável. Às vezes, os programas limitam-se apenas à lubrificação e ajustes menores. Os programas de manutenção preventiva devem ser abrangentes, incluindo reparos, lubrificação, ajustes e recondicionamentos de máquinas para todos os equipamentos da Unidade. O sucesso desses programas depende de um planejamento cuidadoso e de uma programação adequada no tempo.

Todos os programas de gerência de manutenção preventiva consideram que a vida útil das máquinas é estabelecida em um tempo típico, conforme sua classificação em particular. Por exemplo, sabendo-se que um determinado equipamento normalmente tem quinze meses antes de que precise ser revisado, ao se usarem as técnicas de gerência preventiva, ele seria removido de serviço e revisado após catorze meses de operação.

O problema com essa abordagem é que ela não leva em consideração o modo de operação e as variáveis específicas da Unidade ou do sistema, que podem afetar a vida operacional normal dos equipamentos. Por exemplo, se os catorze meses de manutenção preventiva ocorrerem no meio da safra, a Unidade pode ser prejudicada, pois estará funcionando a pleno.

O tempo médio entre as falhas (TMF) varia de acordo com as condições de operação, por exemplo, para um elevador de canecas que trabalha com um grão mais abrasivo e para outro que trabalha com um menos abrasivo, ou com mais ou menos carga. Portanto, o uso da estatística TMF para programar a manutenção pode levar a resultados indesejados, como reparos desnecessários ou falhas catastróficas.

No exemplo, o elevador pode não precisar ser recondicionado após doze meses. Nesse caso, o reparo seria desnecessário, e a mão de obra e o material seriam desperdiçados. Se o elevador falhar antes dos doze meses, será necessário consertá-lo usando-se técnicas corretivas; e, se a falha ocorrer durante a safra, terá um alto custo, além dos transtornos que envolverá o conserto.

É comum que as máquinas falhem na pior hora possível, que, no caso das Unidades de Beneficiamento é durante a safra. Normalmente, a quebra ocorre nessa época porque é quando as demandas de produção são maiores, ou seja, quando as UBG trabalham praticamente vinte e quatro horas por dia, no pico da safra. Quando a falha ocorre, o pessoal de manutenção tem de reagir imediatamente à falha inesperada. Essa manutenção corretiva geralmente exige que uma linha de processamento seja interrompida para que a máquina seja desmontada e inspecionada. Isso é preciso para determinar os reparos específicos necessários para que a máquina volte a funcionar. Se as peças necessárias ao reparo não estiverem no estoque, elas terão de ser encomendadas, a custos de mercado, para entrega imediata, conforme comentado no Item 3.1, sobre manutenção corretiva. Mesmo que as peças para o reparo estejam no estoque da Unidade, os custos envolvidos serão maiores do que se a manutenção preventiva tivesse sido feita. Quanto à equipe de manutenção, mesmo que ela identifique correta e rapidamente a causa do problema, o tempo para desmontar, consertar e remontar a máquina é maior do aquele utilizado para realizar um reparo planejado.

A espera, nesse caso, poderá fazer com que haja um desvio do fluxo de grãos para outra linha, se houver, com atraso na recepção e talvez até da colheita, podendo, inclusive, ser preciso paralisar a Unidade até que o problema seja solucionado.

Quando se adota um programa de manutenção preditiva, que será comentada no Item 3.3, a seguir, é possível identificar o modo específico de falha antes que ela ocorra. Isso significa que as peças, ferramentas e mão de obra necessárias para realizar o reparo estarão disponíveis, evitando-se uma falha catastrófica.

A diferença mais importante entre a manutenção corretiva e a preditiva é que a segunda permite programar o reparo para o momento de menor impacto na produção. A manutenção corretiva, por outro lado, pode ocorrer a qualquer momento, mesmo durante o pico de safra. Isso pode levar a grandes perdas de produção, que podem ser difíceis de recuperar.

3.3 MANUTENÇÃO PREDITIVA

A manutenção preditiva é definida como um conjunto de atividades de acompanhamento periódico, medição e análise das variáveis ou de parâmetros indicativos do desempenho dos equipamentos ou máquinas de modo sistemático. Seu estado e condição são comparados com os padrões de desempenho ótimo ou de projeto, para se decidir se a manutenção deve ou não ser realizada.

A manutenção preditiva tem o propósito de estabelecer o estado futuro do equipamento e o tempo de sua durabilidade, porém, não é muito precisa. Ela se baseia em dados coletados por meio de monitoração ou inspeções, salientando-se que partes móveis necessitam de manutenção constante. É uma atividade planejada para antecipar as intervenções corretivas, nas quais são usadas uma ou mais técnicas de monitoramento.

Exemplos de parâmetros a serem controlados: temperatura, pressão, vibração, análises químicas, índices de desgaste, potência, vazão, velocidade, consumo etc.

Durante a manutenção preditiva, se for feita uma intervenção, ela será, na verdade, uma manutenção corretiva planejada, conhecida como *condition-based maintenance* (CBM), manutenção baseada na condição: um tipo de manutenção que permite aos equipamentos operarem por mais tempo, pois as intervenções são realizadas com base em dados, não em suposições.

Algumas empresas adotam uma manutenção preventiva que inclui a manutenção baseada no tempo e na condição. Nesse caso, a manutenção preditiva é uma forma de manutenção preventiva.

Os dados obtidos durante a manutenção preditiva fornecem informações sobre o estado das máquinas, como desgaste e degradação. Esse monitoramento regular indica as condições mecânicas, eletrônicas, pneumáticas, hidráulicas e elétricas dos equipamentos e instalações. Além disso, monitora o rendimento operacional de máquinas, equipamentos e instalações, pois analisa a evolução de parâmetros significativos da deterioração do componente. Isso permite prolongar a vida útil dos equipamentos e planejar intervenções com antecedência.

A manutenção preventiva ainda é pouco utilizada no Brasil, mas pode proporcionar uma economia de 30 vezes o valor investido, variando conforme a utilização do sistema e do tipo de indústria, mas este ganho financeiro é devido ao menor tempo perdido com máquinas paradas.

A manutenção preditiva, portanto, tem seu principal objetivo na verificação pontual do funcionamento dos equipamentos, de modo a antecipar eventuais problemas que possam ocorrer, que venham a causar a elevação dos custos com a manutenção corretiva, porque os problemas não foram previstos e resolvidos antecipadamente.

Para o gerenciamento da manutenção preditiva, são utilizadas várias técnicas como o monitoramento da vibração e imagens em infravermelho.

Algumas técnicas de manutenção são usadas na indústria, como: RCM (*reliability-centered maintenance*, ou manutenção centrada na confiabilidade); TPM (*total productive maintenance*, ou manutenção produtiva total) e JIT (*just in time*, ou "na hora certa"). Essas técnicas são apresentadas como alternativas à manutenção preditiva e como soluções para os altos custos de manutenção.

Para cada tipo de equipamento, é importante determinar a frequência, o responsável e a forma de registro das manutenções preditivas. Além disso, se essas manutenções forem realizadas de forma constante, é possível eliminarem-se as manutenções periódicas.

Portanto, a manutenção preditiva é a assistência dada ao equipamento cuja frequência é estabelecida de acordo com a sua vida útil ou funcional em um determinado sistema, a partir do qual o mesmo deve ser trocado independentemente do seu estado ou condição, fazendo-se acompanhamento, medição, análise e comparação de índices e parâmetros indicativos do estado e condição do sistema, comparados com padrões de desempenho ótimo ou de projeto (análise por sintomas característicos), segundo alguns parâmetros.

Dessa forma, evita-se o aparecimento de falhas concretas e latentes e previnem-se panes ao término da vida útil física das peças.

No caso de UBG e UBS, a manutenção preditiva evita e previne as paradas, cuidando das falhas invisíveis e imprevistas, reduz custos de reparos e prejuízos de produção. Em geral, as falhas invisíveis não são detectadas por motivos físicos, como locais de difícil acesso ou porque estão encobertas por partes da máquina, proteções, detritos ou sujeira. Esse é o caso, por exemplo, das manutenções e limpezas que necessitam ser realizadas no pé de elevadores instalados em poços profundos ou em roscas de descarga de silos, instaladas em pequenos espaços que dificultam a entrada do operador para realizar reparos e limpeza. Essas falhas podem ser causadas também por questões relacionadas às pessoas, como falta de interesse ou de capacitação do pessoal responsável.

Indicadores de controles e metas são ferramentas que ajudam a gerenciar uma UBG/UBS de forma eficiente. Os indicadores de manutenção são desenvolvidos pelos gerentes para se atingirem as metas operacionais das empresas. Esses indicadores são conhecidos como *índices de classe mundial* e são utilizados em vários países, inclusive no Brasil. Nas Unidades de beneficiamento, os indicadores de manutenção contemplam as manutenções preventiva e corretiva. Eles servem como indicadores de controle e eficiência de aplicabilidade, desenvolvidos pela empresa com base em seus relatórios de controle e normas estabelecidas pelos fabricantes de equipamentos, disponibilizados em manuais.

Diferentes segmentos abordam de forma diferente a manutenção preventiva; por exemplo, na área mecânica, significa monitorar as vibrações dos elementos rotativos dos equipamentos para detectar precocemente eventuais problemas que venham a causar uma falha. Na área da eletricidade, significa monitorar imagens em infravermelho de circuitos e chaves elétricas, motores elétricos etc., para se detectarem eventuais aquecimentos que indicam problemas futuros.

Essa rotina de inspeção regular das condições dos equipamentos e de seus elementos fornecem dados que indicarão o intervalo máximo entre os reparos, minimizando o número e os custos de paradas não programadas causadas por falhas da máquina. Assim, com essa rotina, há uma melhoria da produtividade, da qualidade do produto, da lucratividade e do desempenho geral da Unidade produtiva.

A manutenção preditiva é uma técnica de manutenção que utiliza dados para identificar problemas antes que eles causem falhas. Essa técnica é eficaz para otimizar os processos produtivos, mas sua eficácia depende da confiabilidade dos parâmetros de medida utilizados.

A gerência de manutenção preditiva escolhe técnicas e testes menos onerosos e mais eficientes para determinada planta industrial e basear-se-á nos dados coletados pelas ferramentas utilizadas para programar a manutenção.

A manutenção preditiva é um tipo de manutenção preventiva que é realizada com base em condições. Ao contrário da manutenção preventiva tradicional, que é realizada com base em intervalos de tempo e em tempos médios estatísticos de vida útil de um componente, a manutenção preditiva usa monitoramento direto das condições mecânicas e elétricas, rendimento do sistema e outros indicadores para determinar o tempo médio de quando uma falha ou perda de rendimento é iminente.

Tanto a manutenção preventiva como a corretiva são colocadas em prática com base na experiência do pessoal e/ou da gerência sobre o tempo adequado de atuação. Já a manutenção preditiva é baseada em dados que darão mais segurança na tomada de decisão do melhor momento de agir, possibilitando a programação de um cronograma de manutenção, o que é menos oneroso. Esse programa minimiza o número de quebras dos sistemas mecânicos da planta industrial porque age precocemente, antes de o problema se agravar, e assegura que o equipamento ou elemento reparado esteja em condições mecânicas aceitáveis. Os menores custos se explicam porque uma falha mecânica causa uma degradação em uma velocidade diretamente proporcional à sua severidade; portanto, se o problema é detectado precocemente, evitam-se maiores reparos da peça em si e de todo o sistema anexo a ela, que acabará também sendo afetado caso o problema não tenha sido resolvido a tempo.

A gestão de manutenção preditiva utiliza cinco técnicas não destrutivas para identificar problemas antes que eles causem falhas: monitoramento de vibração (com espectros de corrente elétrica), monitoramento de rendimento de processo, termografia, tribologia e inspeção visual. Cada técnica fornece um conjunto de dados específicos que ajudam a gerência de manutenção a tomar decisões sobre quando realizar o trabalho de manutenção.

A manutenção preditiva que utiliza análise da assinatura de vibração é baseada em dois princípios: 1) as falhas comuns causam mudanças na frequência de vibração, que podem ser identificadas e isoladas; 2) a amplitude de cada componente de vibração permanecerá constante, a menos que haja uma mudança na dinâmica operacional da máquina.

O monitoramento do rendimento de processo, perda de calor e outras técnicas não destrutivas podem fornecer informações fatuais sobre o rendimento operacional de equipamentos e sistemas não mecânicos. Essas informações, usadas em conjunto com a análise de vibração, podem ajudar os gerentes de manutenção e engenheiros a tomarem decisões mais precisas sobre o momento da manutenção.

A análise de vibração e a análise de espectros de corrente podem ser realizadas com o mesmo instrumento coletor de dados. Como a maioria dos equipamentos de uma planta agroindustrial são mecânicos, acionados por motores elétricos (como máquinas de limpeza, elevadores de grãos, transportadores etc.), o monitoramento da vibração é a melhor abordagem de rotina para identificar problemas incipientes. No entanto, a análise de vibração não é suficiente para detectar problemas elétricos, sendo necessário usar técnicas de detecção dos espectros da corrente elétrica que alimenta o motor. Além disso, é importante se observarem áreas de perda de calor, a condição do óleo lubrificante e outros parâmetros, para se obterem os benefícios da manutenção preditiva. Portanto, um programa de manutenção preditiva total da planta agroindustrial deve incluir várias técnicas, cada uma fornecendo informações específicas sobre os elementos da planta.

As técnicas específicas de manutenção preditiva dependerão de vários fatores, incluindo o tipo de equipamento, seu impacto sobre a produção, outros parâmetros-chave da operação da planta agroindustrial e os objetivos do programa de manutenção preditiva.

3.3.1 Vantagens e desvantagens da manutenção preditiva

Algumas vantagens da manutenção preditiva são:

- identificar problemas potenciais nos equipamentos antes que eles causem falhas;
- eliminar a chance de desmontagem desnecessária para inspeção, aumentando-se o tempo de disponibilidade de uso dos equipamentos e sua segurança pela diminuição dos riscos de acidentes;
- reduzir paradas de emergência, reduzindo-se as horas improdutivas com manutenções corretivas;
- aumentar a vida útil dos equipamentos e seus componentes pela melhoria das condições operacionais;

- determinar previamente interrupções do processo produtivo porque a manutenção foi planejada;
- impedir a propagação dos danos para outros componentes;
- aumentar o índice de confiabilidade na detecção de falhas latentes;
- aumentar o valor em uma possível revenda do equipamento;
- diminuir o consumo de peças de reposição e seus estoques;
- reduzir os custos totais operativos de manutenção e dos reparos;
- evitar a substituição desnecessária de componentes que ainda podem ser usados por algum tempo;
- realizar intervenções mais rápidas e baratas, graças ao conhecimento antecipado dos defeitos a serem corrigidos;
- reduzir a estrutura organizacional necessária para seu funcionamento;
- simplificar os processos, desburocratizando-os ao máximo;
- ter baixo custo de manutenção, porque eventuais falhas podem ser detectadas durante o funcionamento das máquinas sem a necessidade de interrupção do processo produtivo, permitindo programar uma intervenção corretiva com antecedência suficiente;
- melhorar a eficiência na gestão e controle dos materiais (peças, componentes, partes etc.);
- trazer melhoria da produtividade da Unidade;
- aumentar a motivação do pessoal de manutenção;
- propiciar uma boa imagem do serviço após a venda, assegurando o renome do fornecedor.

As desvantagens são:

- não predizer falhas latentes por sobrecargas, defeitos de fabricação, de projeto e por fadiga antecipada;
- não aproveitar a vida útil total do elemento;
- exigir o conhecimento exato da vida útil da peça;
- ter elevado custo operacional, pela necessidade de aquisição de instrumentação sofisticada;
- necessitar de técnicos altamente treinados e capacitados para a análise dos resultados.

A Figura 3.2 compara curvas de tendência envolvendo tempo x dinheiro com relação às manutenções corretiva, preventiva e preditiva. Observa-se claramente que, com o tempo, a manutenção corretiva torna-se mais onerosa, ao contrário da preventiva e da preditiva, sendo esta última a de mais baixo custo.

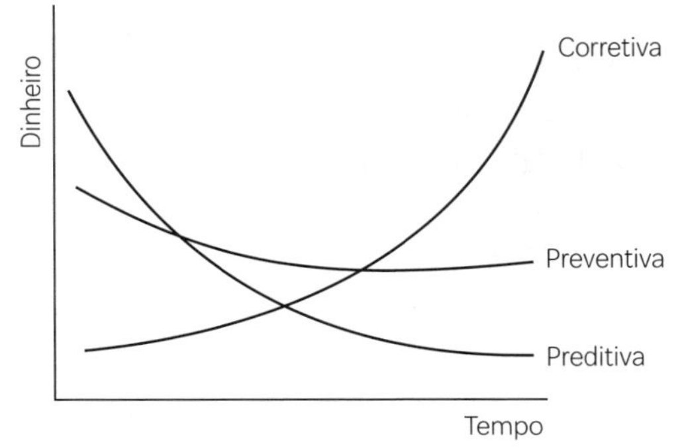

Figura 3.2 Custos envolvidos x tempo para três tipos de manutenção.
Fonte: Adaptada de Loscilia, 2019.

Os dados coletados pelos equipamentos são submetidos à análise estatística. São identificados equipamentos com problemas crônicos e, então, sua correção é programada.

Após a realização dos serviços corretivos, é importante avaliar sua eficácia e qualidade. Isso permitirá identificar oportunidades de melhoria, como a implementação de programas de treinamento ou a adoção de novas tecnologias.

A manutenção preditiva é uma estratégia eficaz para reduzir os custos e melhorar a confiabilidade dos equipamentos em agroindústrias. A médio e longo prazos, ela pode resultar em reduções de até dois terços nos prejuízos com interrupções inesperadas de produção e de até um terço nos gastos com a manutenção.

3.3.2 Como realizar a manutenção preditiva

A manutenção preditiva é realizada pelo uso de aparelhos capazes de registrar vários fenômenos, como:

- vibração das máquinas;
- alterações de temperatura;
- contaminação de óleos;
- estado de superfícies;
- alterações de pressão.

Analisando-se os dados obtidos da manifestação desses fenômenos, obtêm-se indicações antecipadas de eventuais defeitos ou falhas nas máquinas e equipamentos (Figura 3.3). Após isso, para se realizar a manutenção preditiva, são adotados dois procedimentos para solucionar os problemas detectados:

- diagnóstico: após a identificação de uma irregularidade, é preciso diagnosticar a origem e a gravidade do defeito;
- análise da tendência da falha: a análise consiste em identificar e prever a ocorrência de falhas, para que elas possam ser corrigidas antes que causem danos (Figura 3.4).

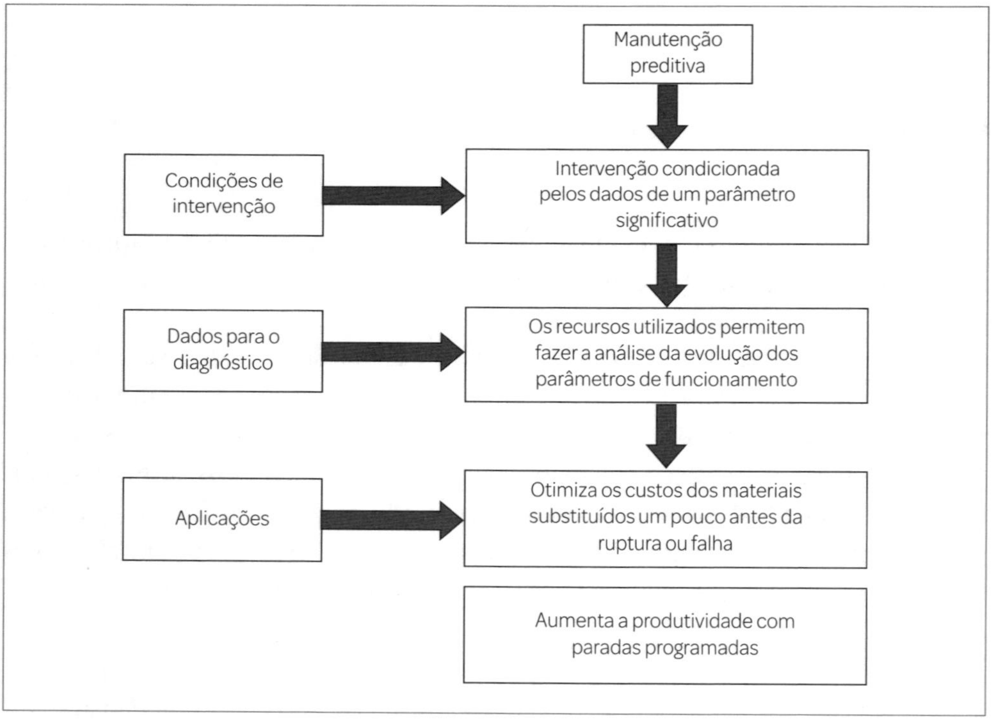

Figura 3.3 Funcionamento da manutenção preditiva.
Fonte: Autores, 2024.

A manutenção detectiva é realizada em sistemas de proteção ou comando para identificar falhas ocultas ou não perceptíveis ao pessoal de operação e manutenção. Por exemplo, um circuito que comanda a entrada de um gerador em uma planta industrial pode ser observado para detectar falhas. Se houver falta de energia e o circuito tiver uma falha, o gerador não entrará em operação, impedindo uma falha maior.

A manutenção detectiva é cada vez mais realizada por computadores em sistemas digitais de controle distribuídos (SDCD). Ela é importante para garantir a confiabilidade dos equipamentos e deve ser interpretada por pessoal treinado.

Na manutenção preditiva, o diagnóstico é feito a partir da análise de parâmetros. Na manutenção detectiva, o diagnóstico é feito a partir da análise das informações colhidas na planta.

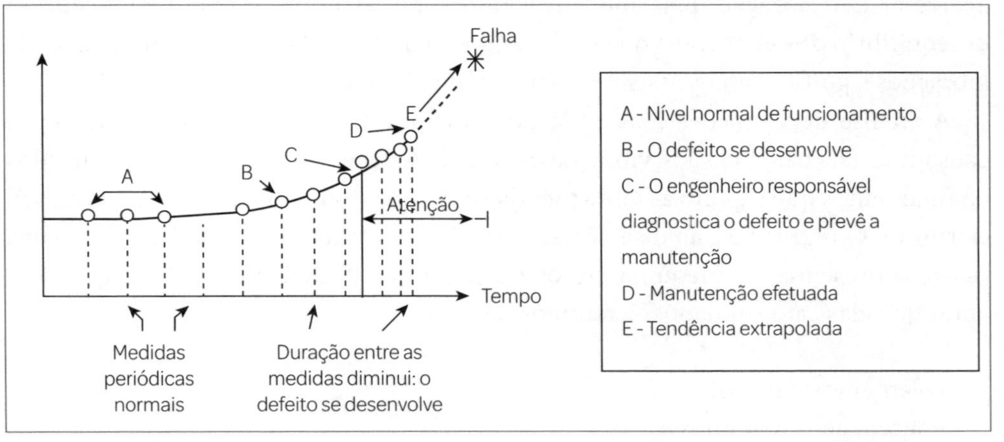

Figura 3.4 Análise das tendências de falha.
Fonte: Adaptada de Araújo e Câmara, 2010.

À medida que os sistemas industriais se tornam mais complexos, utilizando instrumentação de comando, controle e automação nas agroindústrias, a manutenção detectiva torna-se essencial para garantir a confiabilidade.

Esse é um novo tipo de manutenção, e, por essa razão, é pouco mencionado no Brasil.

3.3.3 Técnicas utilizadas para se realizar a manutenção preditiva

Para se realizar a manutenção preditiva, são utilizadas técnicas que, por sua vez, utilizam aparelhos, conforme comentado no Item anterior. As técnicas são as seguintes:

- análise de vibrações de elementos rotativos e alternativos;
- termografia de sistemas elétricos e mecânicos;
- análise de óleo lubrificante (tribologia e ferrografia);
- ultrassonografia, uma técnica não destrutiva que pode ser usada para detectar vazamentos e defeitos em válvulas e purgadores;
- análise de pressões;

- análise de corrente e fluxo magnético de motores elétricos;
- inspeção visual, auditiva e outras técnicas de análise não destrutivas.

O detalhamento de cada uma delas será apresentado a seguir.

3.3.3.1 Análises de vibrações

As máquinas em funcionamento produzem vibrações características que podem acarretar deterioração, pela modificação das forças que eventualmente causem desequilíbrio dos elementos que compõem as máquinas. Uma elevação no nível de vibrações significa uma possível deterioração da máquina.

A análise de vibrações é baseada no princípio de que as falhas em máquinas causam alterações nas suas vibrações. Para se realizar essa análise, são utilizados equipamentos que captam as vibrações das máquinas em pontos estratégicos da sua estrutura. O registro e a análise dessas vibrações permitem identificar a origem dos esforços presentes na máquina em operação, o que pode ajudar a detectar falhas antes que elas causem danos. Exemplos de danos:

- rolamentos deteriorados;
- engrenagens defeituosas;
- acoplamentos desalinhados;
- rotores desbalanceados;
- vínculos desajustados;
- eixos deformados;
- lubrificação deficiente;
- folga excessiva em buchas;
- falta de rigidez estrutural;
- problemas aerodinâmicos;
- problemas hidráulicos;
- cavitação.

O analisador de vibrações é um aparelho utilizado para detectar vibrações. No mercado, existem vários modelos, desde os mais simples até os mais complexos. Os modelos mais simples são portáteis, como o CSI 2130. Os modelos mais complexos são instalados nas máquinas para realizar monitoramento constante. Alguns exemplos desses equipamentos são mostrados na Figura 3.5.

(a)

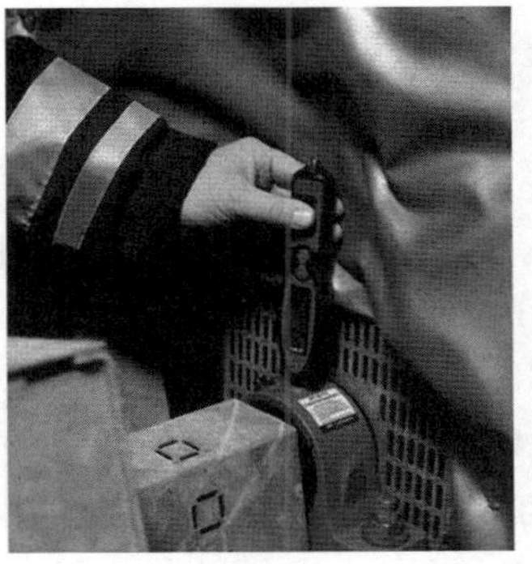

(b)

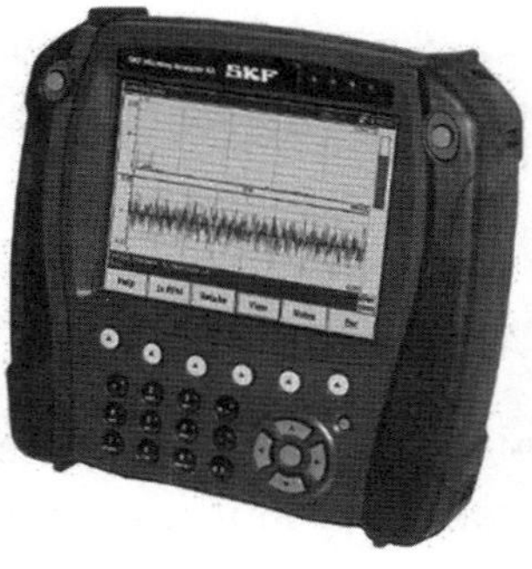

(c)

(d)

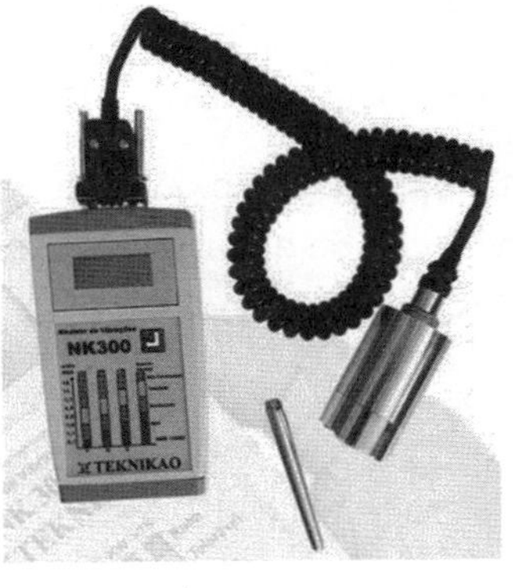

(e)

(f)

Figura 3.5 Analisadores de vibrações.

Fontes: a), b) – SKF, 2023; c) – Norpem, 2023; d) – Fluke, 2023; e) – Teknikao, 2023; f) – Vikon, 2017.

3.3.3.2 Análises de temperatura

A análise de temperatura é uma técnica de medição térmica que usa câmeras infravermelhas para identificar problemas em equipamentos, buchas, conexões, conectores etc. Ela pode ser usada para detectar pontos quentes em instalações elétricas e falhas em isolamentos térmicos. A análise de temperatura é uma das técnicas mais utilizadas de manutenção preditiva.

A termografia é usada para identificar falhas a distância em isolamentos térmicos, pontos quentes e outros problemas. É uma técnica vantajosa, pois não requer contato com o objeto sob análise e não interfere na produção, já que não são desligados os equipamentos sob inspeção.

A termovisão é uma técnica que usa câmeras infravermelhas para se visualizarem imagens térmicas. Essas imagens são invisíveis a olho nu, pois são compostas por radiações infravermelhas, que são emitidas, absorvidas e reemitidas pelos corpos e objetos. Essas radiações variam de acordo com a temperatura e o estado da superfície emissora.

Para se visualizar a imagem, usa-se um termograma, que é a imagem térmica obtida por meio da termografia.

As análises de temperatura baseiam-se no princípio de que uma falha eletromecânica é antecedida pela geração de calor, que se verifica pela elevação da temperatura. Esse aumento de temperatura pode ocorrer repentinamente ou na forma de pequenas variações.

Uma vez observado um aumento de temperatura no equipamento no início do seu desenvolvimento, pode-se programar uma parada do equipamento para manutenção em curto ou médio prazo. Por ser programada, reduz-se o tempo de interrupção do processo e diminui-se a probabilidade de saída de serviço não prevista, não programada.

Além disso, a termografia oferece benefícios, como redução de custos com economia de energia, proteção dos equipamentos, velocidade da inspeção e reparação. Entre os problemas possíveis de serem detectados, estão:

- alta resistência de contatos;
- curtos-circuitos;
- circuitos abertos;
- aquecimento indutivo;
- desbalanceamento de carga;
- sobrecarga de corrente;
- componentes instalados incorretamente;
- níveis de óleo incorretos.

A inspeção termográfica em sistemas elétricos é uma técnica de manutenção preditiva que detecta componentes defeituosos com base no aumento da temperatura. Esse aumento é causado por um aumento anormal da resistência ôhmica do componente. As causas desse aumento incluem:

- conexões frouxas;
- conexões afetadas pela corrosão;
- sujidades nas conexões e/ou nos contatos;
- degradação dos materiais de isolamento;
- chaves, conexões, dentre outros.

Um equipamento que pode ser utilizado é um termovisor, aplicado aos equipamentos elétricos, que pode ser utilizado como rotina periódica de avaliação. Áreas específicas dos equipamentos elétricos, que podem ter monitoramento de temperatura, são:

- campo de excitação da máquina (escovas);
- ranhuras do estator;
- pacotes de lâminas do estator;
- conexões elétricas de cabos de potência e barramentos;
- reostato de campo;
- grampos de jumper das torres de ancoragem;
- conexões de cabos;
- conexões para as derivações;
- conexões para para-raios;
- conexões para filtros em geral e filtros de onda;
- dispositivos de seccionadoras de linhas;
- emenda de cabos de potência isolados e barramentos;
- conexão dos terminais externos dos cabos;
- transformadores de potência;
- disjuntores;
- transformadores de distribuição, de medição – de potencial (TP) e de corrente (TC) ou combinados;
- bancos de capacitores e reguladores de tensão;
- conjuntos blindados;
- conexões e emendas de cabos e fios elétricos;
- chaves fusíveis e seccionadoras;

- religadores e seccionalizadores;
- chaves a óleo e protetores de rede;
- bases fusíveis.

O equipamento mostra uma imagem colorida, e a escala de cores significa níveis de temperatura, como apresenta a Figura 3.6, que mostra a inspeção em peças mecânicas rolantes e em ligações elétricas.

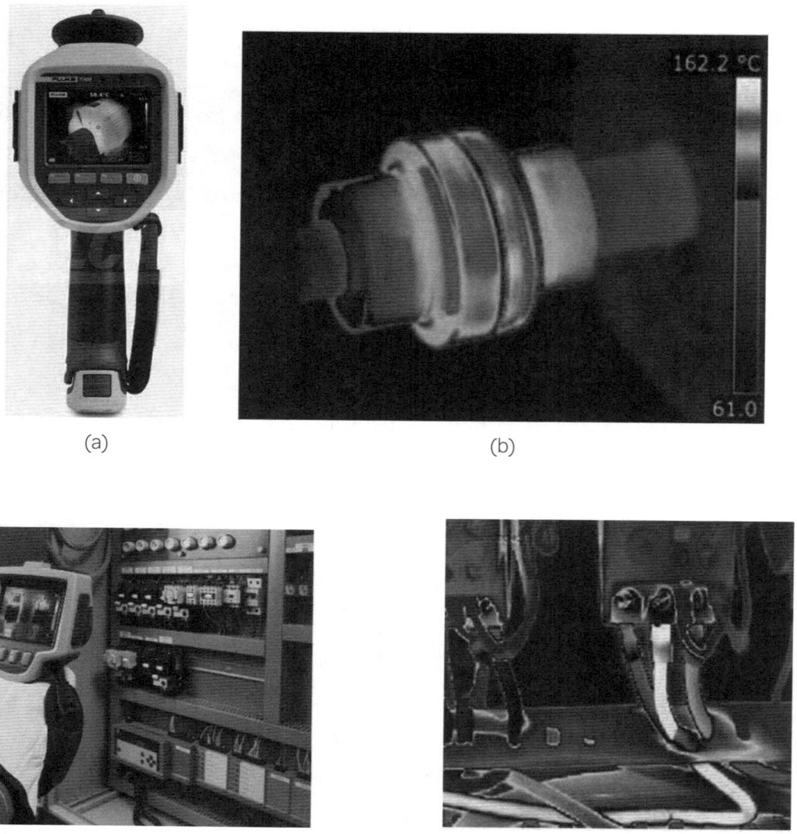

(a) (b) (c) (d)

Figura 3.6 Câmera de imagens térmicas (termovisor) manual.
Fontes: Fluke *apud* Salcas (2023); b) Flir *apud* Diegoli e Gavlaki, s.d.; c) EMF Engenharia (2023); d) Multierri (2016).

3.3.3.2.1 Termografia infravermelha

A termografia é uma técnica que usa câmeras infravermelhas para medir a temperatura de objetos sem tocá-los. É uma técnica não destrutiva, pois não danifica o objeto em inspeção.

Ao ser observada a elevação de temperatura, dependendo do componente, a manutenção consiste em limpar, apertar conexões frouxas, melhorar contatos, lubrificar, repor peças desgastadas. Durante essa manutenção, não se sabe se a falha foi ou não corrigida.

A termografia pode ser usada para detectar variações térmicas nos componentes elétricos. As variações na radiação térmica podem indicar problemas operacionais, como falhas de isolamento, sobrecargas e curtos-circuitos. As variações térmicas sofridas pelos elementos elétricos podem ser:

- **diferenças na temperatura real** – a radiação em infravermelho gera imagens térmicas da superfície dos equipamentos ou de componentes que mostram diferenças de temperatura. Esses aumentos de temperatura podem ser causados por: a) aumento da resistência elétrica de um componente, uma vez que a energia térmica gerada por este componente é diretamente proporcional ao quadrado da corrente multiplicado pela resistência; b) flutuação da carga; c) vibrações harmônicas; d) aquecimento indutivo; e) aquecimento devido à convecção; f) devido à capacitância; g) pela evaporação;
- **diferenças na temperatura aparente** – outras causas podem gerar o aquecimento dos componentes, captado pela termografia, como emitância, refletância, transmitância e variações geométricas.

Das causas relacionadas às "diferenças na temperatura real", apenas três indicam problemas em um sistema elétrico: aumento da resistência, vibrações harmônicas e aquecimento por indução. As demais podem causar aumento da temperatura na superfície do componente, mas não indicam falhas elétricas.

A termografia permite identificar problemas que poderão ser solucionados antes que causem uma falha, os quais seriam imperceptíveis por técnicas convencionais de inspeção. O uso da termografia infravermelha permite a identificação sem contato físico com o elemento elétrico ou mecânico de um equipamento, mostrando, por meio de imagens, pontos mais quentes do que o usual, os quais, provavelmente, ocorrem em uma área de falha, e indicando também perdas excessivas de calor de um defeito isolado.

Entre as vantagens dessa técnica, pode-se mencionar:

- realiza-se a inspeção à distância, sem contato físico com o componente analisado, o qual continua em funcionamento, não necessitando de parada para inspeção;
- trata-se de uma técnica de identificação precisa do componente defeituoso, ao contrário do pirômetro, que mede a temperatura de somente um ponto;

- é aplicável a uma ampla gama de equipamentos elétricos, incluindo bornes de transformadores, transformadores de potência, seccionadoras, cabos, partes de conexões etc.;
- pode detectar problemas ou defeitos em tempo real, permitindo avaliar a gravidade do defeito e a extensão das áreas afetadas. Com essa informação, pode-se programar a manutenção de acordo com a necessidade, seja ela imediata ou não. Isso é importante porque o defeito pode ser um simples problema de limitação de carga ou algo mais grave que pode levar a um colapso da instalação;
- tem vantagem sobre a manutenção tradicional porque a inspeção termográfica, por não ter contato com o componente elétrico ou mecânico, diminui os riscos inerentes aos procedimentos de manutenção para as pessoas; também reduz o tempo de indisponibilidade dos equipamentos durante a manutenção e tem menor custo;
- realiza a inspeção de muitos itens em pouco tempo.

Entre as desvantagens ou os inconvenientes, estão:

- capacidade limitada para identificar defeitos internos, porque os mesmos não podem ser exteriorizados pelo aumento de temperatura;
- possibilidade de a técnica sofrer algum tipo de contaminação por contaminantes do ar ambiente e poluentes, que podem ser uma fonte de irradiação capaz de confundir a análise do defeito;
- possibilidade de o estado de carga do componente analisado influir na determinação de anomalias.

3.3.3.2.2 Processo de inspeção termográfica

A inspeção termográfica compreende, em geral, os seguintes estágios:

- planejamento da inspeção: definição do cronograma, dos equipamentos a serem inspecionados e das condições operacionais de máxima demanda;
- avaliação e classificação dos pontos quentes – identificação e análise das áreas com temperaturas acima do normal;
- emissão de relatório – registro dos resultados da inspeção, incluindo a identificação das falhas e o nível de urgência para o seu reparo;
- revisão termográfica – inspeção posterior para avaliar a eficácia da manutenção realizada.

As técnicas preditivas de inspeção mais comuns são:

- resistência de isolamento – mede a resistência elétrica entre dois condutores ou entre um condutor e a terra;
- medição de perdas dielétricas – mede a energia dissipada em um material dielétrico;
- medição da corrente de fuga – mede a corrente que flui através de um isolamento danificado;
- medições termográficas – usam câmeras infravermelhas para medir a temperatura de objetos sem tocá-los;
- decomposição harmônica da corrente de fuga – analisa a frequência da corrente de fuga para identificar problemas.

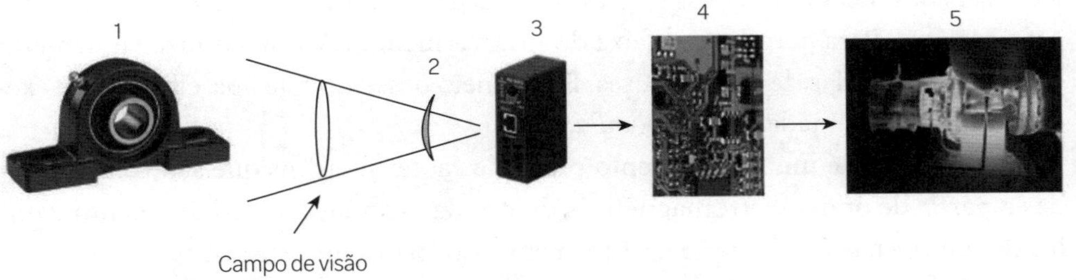

1 – Objeto inspecionado que emite radiação infravermelha
2 – Sistema óptico que capta a radiação
3 – Sistema de detecção – converte a radiação em sinal elétrico
4 – Sistema eletrônico – amplifica e condiciona o sinal elétrico
5 – Visualização da imagem térmica e leitura da temperatura

Figura 3.7 Componentes básicos da estrutura de um termovisor.
Fonte: Adaptada de Manutenção – PUC-Rio, s/d.

3.3.3.2.3 Equipes de inspeção termográfica

No início, quando essa técnica de manutenção surgiu, os termovisores eram de grande porte, bastante pesados, o que se constituía em um tipo de limitação ou, pelo menos, de dificuldade de seu uso. A evolução tecnológica permitiu a redução de tamanho, tornando esses equipamentos portáteis; por exemplo, em 1965, o peso dos termovisores era superior a 30 kg, e atualmente eles pesam desde 2 kg até poucos gramas. O desenvolvimento tecnológico também ocorreu no sentido de aumentar a capacidade de armazenamento digital dos dados, para permitir análise por meio do uso de computadores e de softwares específicos, entre outras facilidades. A inspeção pode ser realizada com facilidade por uma única pessoa, de forma prática. Esses benefícios e vantagens dessa técnica preditiva têm impulsionado seu uso generalizado em instalações elétricas e mecânicas para inspecionar elementos passíveis de aquecimento, antecipando a correção de possíveis falhas.

3.3.3.2.4 Câmera de termografia ou termovisor

A luz visível que os olhos humanos são capazes de perceber são uma parte muito pequena do espectro eletromagnético – de comprimento de onda que vai de 0,4 a 0,7 μm. Então, fora dessa faixa espectral para que o olho humano enxergue, são necessários recursos especiais.

As câmeras comuns contêm um filtro que impede a passagem do infravermelho até o sensor da câmera. Por isso, não se consegue obter essas frequências em imagens comuns. Para perceber na faixa do infravermelho (IV), são utilizadas câmeras especiais, chamadas de termovisores. É por meio desse tipo de aparelho que se executa a técnica chamada de *termografia*.

O termovisor é um equipamento capaz de captar imagens que são transformadas a partir de ondas eletromagnéticas dentro da faixa IV. Esse equipamento é utilizado em rotinas de inspeção preditiva em instalações industriais.

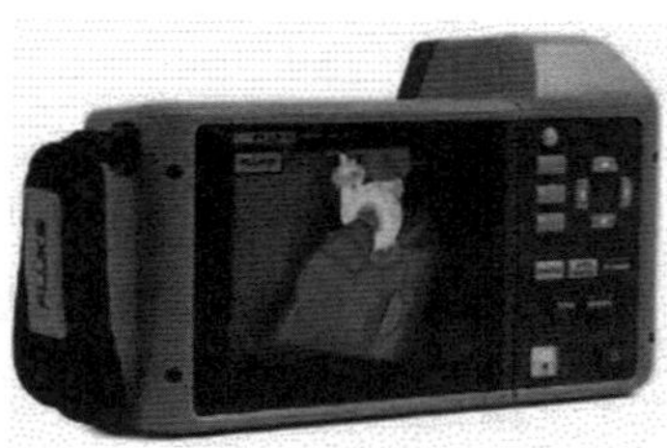

(a)

(b)

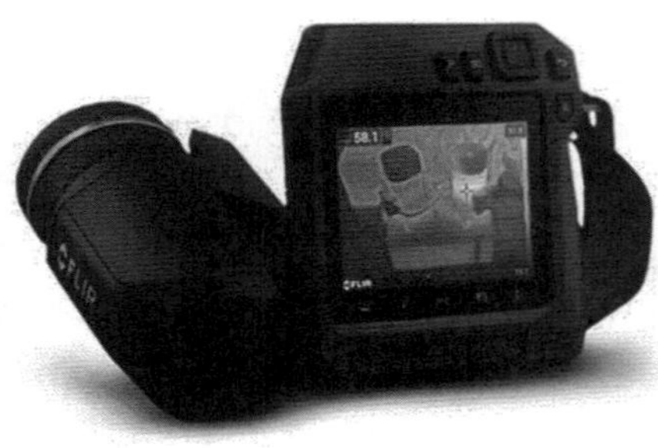

(c)

Figura 3.8 Termovisor, câmera de imagem térmica, câmera de infravermelho.
Fontes: Fluke (2023); b) Flir *apud* MRE (2023); c) GHT (2023).

As câmeras mais modernas possuem alta resolução, conexão a computadores, com softwares associados de análise dos dados em computador, vários recursos, como GPS e gravador de voz.

3.3.3.2.5 Procedimentos de medição

Os elementos utilizados no início do procedimento de medição devem considerar as características dos equipamentos. Para uma correta análise da medição, é necessário se obterem as seguintes informações dos equipamentos:

- verificar se o equipamento ou componente elétrico a ser inspecionado é afetado pela tensão aplicada, pela corrente passante ou pelo fator de carga;
- identificar a composição dos materiais construtivos dos equipamentos ou componentes a serem inspecionados, visando à determinação das respectivas emissividades características desses materiais;
- determinar a tensão/corrente/fator de carga relacionados ao funcionamento do equipamento ou componente no momento da inspeção;
- conhecer os valores nominais de tensão e/ou corrente do equipamento a ser inspecionado;
- determinar as condições de operação e montagem do equipamento a ser inspecionado;
- analisar o histórico de ocorrências do equipamento a ser inspecionado.

3.3.3.2.6 Parâmetros a serem evitados ou corrigidos

A velocidade do vento tem influência nos valores obtidos pela inspeção termográfica. Por isso essa medição deve ser realizada em locais cuja velocidade do vento seja menor do que 25 $km.h^{-1}$. Para outras velocidades, usam-se as correções dos valores de temperatura encontrados, conforme a Tabela 3.1.

Tabela 3.1 Correção dos valores obtidos pela inspeção termográfica devido à velocidade do vento

Velocidade do vento ($km.h^{-1}$)	Fator de correção
< 3,6	1,00
7,2	1,36
10,8	1,64
14,4	1,86
18,0	2,06
21,6	2,23
25,2	2,40

Fonte: Kaplan (1999) *apud* Castro *et al.* (2016).

Outros parâmetros são:

- fator de carga, corrente passante e tensão aplicada;
- radiação solar – preferencialmente para minimizar este efeito, as medições devem ser realizadas à noite ou em dias nublados;
- chuva;
- poluição, neblina e névoa salina.

Os parâmetros que são ajustados no termovisor são:

- distância: determinada em metros entre o termovisor e o elemento inspecionado. Esse parâmetro garante uma distância para avaliar uma região do equipamento ou elemento inspecionado, de forma que este ocupe a maior área possível do termograma;
- temperatura: é utilizado um termômetro para medir a temperatura ambiente em °C;
- umidade relativa do ar: para medir a umidade relativa do ar do ambiente onde será realizada a inspeção, é necessário se utilizar um higrômetro. Quanto maior a umidade relativa do ar, maior será a atenuação na medição;
- emissividade do equipamento: esse valor estimado está diretamente relacionado com as características da superfície do equipamento e do material que o compõe.

Após determinar os parâmetros mencionados, os dados devem ser inseridos no termovisor, caso ele não faça essas medidas automaticamente por sensores nele embutidos. Após a inserção dos dados, é realizada uma varredura das temperaturas, começando-se pela temperatura ambiente e observando-se o termograma. Com isso, o operador identifica os pontos quentes do equipamento, conforme pode ser visto na Figura 3.9.

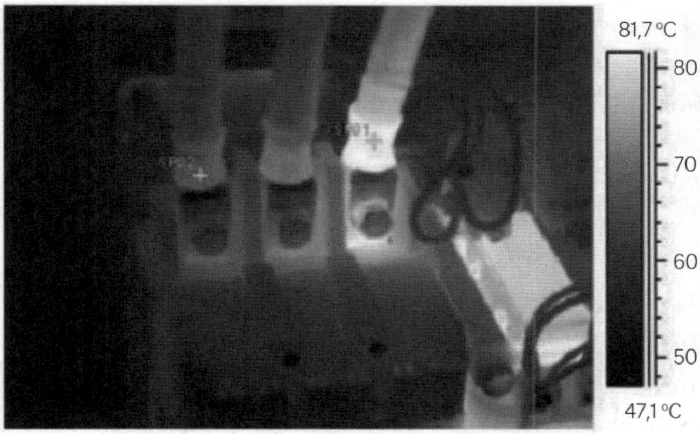

Figura 3.9 Termograma dos terminais de um disjuntor trifásico com falha em uma das fases.
Fonte: Adaptada de Flir (2008).

3.3.3.2.7 Procedimento de calibração

O procedimento de calibração é necessário para que o equipamento faça leituras padronizadas, fornecendo imagens em infravermelho com exatidão, de acordo com uma medição específica e com precisão, conforme os padrões internacionais. Algumas empresas fabricantes desses equipamentos de medição termográfica realizam esses procedimentos de calibração.

Com o objetivo de estimar a incerteza da medição, a calibração é feita utilizando-se um grande número de corpos negros muito estáveis, realizando-se medições em diferentes temperaturas de 0 °C a 1.500 °C. As temperaturas utilizadas no procedimento dependem das faixas utilizadas pelo equipamento.

Os corpos negros utilizados (Quadro 3.1), que são as fontes de radiação padrão, são regularmente calibrados. A incerteza das medições é determinada pelo National Institute for Standards and Technology (NIST, Estados Unidos) e pelo instituto equivalente de testes e pesquisas da Suécia (SP). A calibração é realizada enviando-se um sinal pelo detector no sistema de imagem. O sinal é proporcional à radiação emitida por um corpo negro com uma temperatura e emissividade conhecidas, a uma distância determinada entre o sistema de imagem e o corpo negro. A distância é determinada a partir do campo de visão da lente usada.

Sabe-se que o corpo negro ideal tem emissividade teoricamente igual a 1; porém, os corpos negros de teste não são ideais, havendo, portanto, a necessidade de várias medições. A lei de Stefan-Boltzmann define essas relações como segue:

$$Q = \varepsilon \,.\, A.\, \sigma_n \,.\, T^4$$

Em que:
Q = energia calorífica devido à radiação ($J.s^{-1}$ = W)
ε = emissividade do corpo (e do corpo negro = 1)
A = área (m^2)
σ_n = constante de radiação de um corpo negro (5,670 x 10^{-8} $W/m^2.K^4$)
T = temperatura absoluta do corpo (K)

Quadro 3.1 Padrões de corpos negros utilizados na calibração – modelo temperatura incerteza

BB400 FLIR Systems AB	30 °C – 350 °C	±(0,3 + 0,004*t) °C
BB0 FLIR Systems AB até 2±0,2 °C Ambient FLIR Systems AB Ambiente ±0,2 °C		

t = temperatura em °C
Fonte: Adaptada de Flir (2008).

O processo de calibração é controlado por meio de um computador com um software específico para este fim. O computador controla os movimentos mecânicos do sistema de imagem, incluindo posicionamento e foco dos corpos negros. Todas as combinações possíveis de lentes e filtros são calibradas.

O computador armazena os valores dos sinais detectados, junto com a temperatura de uma fonte específica de radiação.

Após realizadas todas as medições para as calibrações requeridas, o software calcula as constantes matemáticas de calibração necessárias. As constantes de calibração são guardadas na câmera e são usadas pelo sistema para calcular e apresentar as temperaturas corretas, tornando, também, o sistema capaz de fazer correções quando houver variação da temperatura ambiente, mantendo a qualidade da medição.

Os dados de calibração são mantidos pela empresa que realiza o procedimento como parte do seu programa de garantia da qualidade.

É usual que a empresa emita um certificado de calibração com informações referentes à temperatura ambiente e à umidade relativa do ar durante a calibração, temperaturas e padrões de calibração utilizados. Ainda pode produzir tabelas com valores encontrados e incertezas de medição. No entanto, algumas imprecisões das medições precisam ser corrigidas para que se obtenha melhor interpretação dos resultados de calibração do termovisor.

3.3.3.2.8 Calibração de termômetros infravermelhos no Brasil

No Brasil, há dois laboratórios credenciados para realizar serviços de calibração de sensores de temperatura por radiação, que são a própria Rede Brasileira de Calibração (RCB) e o Inmetro. Esses laboratórios calibram esses sensores com competência técnica, seguindo os padrões nacionais de elevada exatidão, com as garantias necessárias para atingirem o comércio com os mercados mundiais e a disseminação do conhecimento técnico na área de medição de temperatura sem contato.

Os laboratórios de calibração de sensores de temperatura por radiação no Brasil são:

- **Inmetro**: o Laboratório de Pirometria – Lapir, em Xerém, Duque de Caxias-RJ – possui a melhor infraestrutura no Brasil para realizar a calibração de sensores de temperatura por radiação infravermelha que operam acima de 100 °C. Oferece serviços de calibração para as seguintes faixas de medição: 800 °C a 1.500 °C, com incerteza de medição variando entre ±0,6 °C a ±1,0 °C e 1.500 °C a 2.050 °C, com incerteza entre ±1,2 °C a ±2,5 °C para termômetros de radiação infravermelha e pirômetros, e de 100 °C a 1.150 °C, com incerteza de medição variando entre ±0,5 °C a ±2,0 °C somente para termômetros de radiação.
- **Usiminas**: O Laboratório de Calibração da Instrumentação, em Ipatinga-MG, oferece serviços de calibração de termômetros de radiação infravermelha nas seguintes faixas de medição: de 50 °C até < 550 °C, com menor incerteza de medição de ±1,0 °C, de 550 °C até <1.100 °C, com menor incerteza de medição de ±1,6 °C e de 1.100 °C até 1.500 °C, com menor incerteza de medição de ±1,4 °C até ±2,1 °C.

3.3.3.2.9 Normas aplicáveis

Algumas normas são utilizadas para diversos testes de manutenção. São elas:

- International Organization for Standardization (ISO)
- ISO-9712 – "Non-destructive testing – qualification and certification of personnel"; ISO-18436 – "Condition monitoring and diagnostics of machines – requirements for training and certification of personnel".
- American Society for Nondestructive Testing (ASNT)
- SNT-TC-1A – "Recommended Practice – Personnel Qualification and Certification in Nondestructive Testing"
- ASTM-E-1316 – "Standard Terminology for Nondestructive Examination, Section J: Infrared Examination."
- Associação Brasileira de Normas Técnicas – ABNT NBR 15424:2006 – "Ensaios não destrutivos – Termografia – Terminologia".

3.3.3.3 Análise dos óleos

A análise dos óleos é feita com os objetivos de economizar lubrificantes e corrigir defeitos. É realizada em equipamentos que fazem análises exatas e rápidas dos óleos utilizados em máquinas. Essas análises permitem que seja feita uma previsão do momento correto para ser executada a manutenção, a troca ou a renovação do óleo, tanto em componentes mecânicos, quanto hidráulicos.

O momento adequado para a troca do óleo traz economia porque é determinado o grau de degradação ou de contaminação dos óleos, otimizando-se os intervalos das trocas.

A análise dos óleos permite, também, identificar os primeiros sinais de desgaste de um componente, porque ficam no óleo partículas sólidas desse componente misturadas com os óleos, que indicam o desgaste gerado pelo atrito dinâmico entre peças em contato.

Para realizar a análise dos óleos, são utilizadas técnicas de laboratório que envolvem vidrarias, reagentes, instrumentos e equipamentos. Entre os instrumentos e os equipamentos utilizados, estão: viscosímetros, centrífugas, fotômetros de chama, peagâmetros (ou potenciômetros), espectrômetros, microscópios etc. O laboratorista, por meio de técnicas adequadas, determina as propriedades dos óleos e o grau de contaminantes neles presentes.

As principais propriedades dos óleos submetidas às análises são:

- índice de viscosidade;
- índice de acidez;
- índice de alcalinidade;
- ponto de fulgor;
- ponto de congelamento.

Analisando-se essas propriedades, pode-se identificar anomalias, como desgaste de fluidos e presença de micropartículas e demais substâncias contaminantes. Em termos de contaminação dos óleos, interessa saber a quantidade existente de resíduos de carbono, partículas metálicas e água.

Tanto a análise dos óleos como o estudo das vibrações são muito importantes na manutenção preditiva. Essa análise mostra se há ou não necessidade de substituição do óleo de uma máquina ou equipamento e quando isso deverá ser feito.

Existem quatro tipos de análise de óleo:

- **físico-química**: avalia as condições do lubrificante pontualmente ou em análises periódicas;

- **de contaminações**: identifica a presença de substâncias que podem contaminar o sistema;
- **espectrometria**: é o método para identificar os elementos químicos presentes no lubrificante, durante o qual o óleo passa por um processo de combustão e é desintegrado até o nível atômico;
- **ferrografia**: é uma técnica laboratorial que identifica o desgaste de máquinas e equipamentos, analisando as partículas encontradas nos lubrificantes.

3.3.3.4 Análise do estado das superfícies

O grau de deterioração das máquinas e dos equipamentos pode ser controlado pela análise das superfícies das peças que ficam sujeitas aos desgastes provocados pelo atrito. A análise dessas superfícies, inicialmente, é realizada por exame visual, com ou sem lupa, seguida de outras técnicas, como:

- **endoscopia**: esta técnica não destrutiva utiliza um videoscópio, por meio do qual se visualizam internamente máquinas e equipamentos por uma sonda que é inserida neles, não havendo, com isso, necessidade de desmontagem e montagem dos equipamentos;
- **holografia**: é uma técnica que gera imagens tridimensionais com grande profundidade de campo e poucas distorções. Essas imagens podem ser usadas para avaliar defeitos superficiais de equipamentos, como corrosão, trincas e porosidades.
- **estroboscopia**: técnica que permite focalizar a luz incidente de LED sobre partes móveis em alta rotação;
- **termografia**: técnica de inspeção não destrutiva e não invasiva que detecta a radiação infravermelha emitida pelos corpos, proporcionalmente à sua temperatura, formando imagens coloridas conforme a intensidade térmica;
- **molde e impressão**: faz-se um molde do elemento, e este pode ser impresso em impressora 3D para melhor visualização e avaliação da falha da peça ou equipamento.

3.3.3.5 Análise estrutural

A análise estrutural de peças de máquinas e equipamentos é uma importante ferramenta de manutenção preditiva. Ela permite detectar, por exemplo, a presença de fissuras, trincas e bolhas nas peças das máquinas e dos equipamentos. Em uniões soldadas ou aparafusadas, é de extrema importância porque pode identificar pontos frágeis por problemas de desgaste ou de fadiga dos materiais.

As técnicas utilizadas na análise estrutural são:

- **ultrassonografia**: usa-se uma frequência na faixa audível pelo ouvido humano (20 a 20.000 Hz); as ondas sonoras se propagam em todas as direções a partir da sua fonte, permitindo que o técnico responsável pela inspeção ouça possíveis falhas;
- **radiografia**: é uma técnica de inspeção que usa raios X para produzir imagens internas de objetos;
- **gamagrafia**: é uma radiografia obtida por meio de raios gama para identificar defeitos e rachaduras em componentes ou equipamentos;
- **interferometria holográfica**: é um método óptico, caro, realizado sem contato, por meio de ondas de radiação laser, refletidas ou transmitidas pelo componente sob inspeção, que gera uma holografia digital 2D ou 3D, por meio da qual são calculadas digitalmente as deformações do componente inspecionado; é uma técnica ainda pouco utilizada em meio industrial porque requer análises complexas de imagens;
- **magnetoscopia**: é uma técnica de inspeção não destrutiva que usa um campo magnético para identificar falhas na superfície ou próximas à superfície de um componente. O campo magnético é interrompido por falhas na superfície ou próximas à superfície, criando um "campo de vazamento de fluxo" no local do dano. Partículas metálicas são espalhadas sobre a superfície do componente. O campo de vazamento de fluxo atrai as partículas para o local do dano, tornando-o visível;
- **corrente de Foucault**: é a corrente elétrica induzida em um material condutor quando este está sob o efeito de um campo magnético variável devido à lei da indução de Faraday ou lei da indução eletromagnética, na qual um campo magnético interage com um circuito elétrico para produzir uma força eletromotriz, fenômeno este chamado de indução eletromagnética. Essas correntes são utilizadas na detecção de falhas e rachaduras em metais;
- **infiltração com líquidos penetrantes**: método não destrutivo que utiliza óleos com corantes que penetram pela capilaridade dos materiais, tornando visíveis ou fluorescentes descontinuidades nos materiais, evidenciando rachaduras, trincas, falhas. Após a inspeção, o líquido é lavado ou removido da peça inspecionada.

3.3.4 Periodicidade dos controles

Os controles são realizados periodicamente pela coleta de dados, feita por um técnico que utiliza aparatos portáteis de monitoramento. As informações obtidas são registradas em uma ficha manual ou digital, possibilitando ao responsável pela manutenção preditiva obtê-las para auxiliá-lo na tomada de decisão sobre o melhor momento de executar a manutenção.

A periodicidade dos controles é determinada de acordo com os seguintes fatores:

- número de máquinas a serem controladas;
- número de pontos de medição estabelecidos;
- duração da utilização da instalação;
- caráter "estratégico" das máquinas instaladas;
- equipamentos e valores financeiros necessários para executar os serviços.

A Tabela 3.2 mostra um exemplo de um programa básico de vigilância de acordo com a experiência e o histórico de uma determinada máquina.

Tabela 3.2 Programa básico de vigilância

Métodos utilizados	Equipamentos vigiados	Equipamentos necessários	Periodicidade da verificação
Medição de vibração	Todas as máquinas giratórias de potência média ou máxima e/ou equipamentos críticos: • motores • redutores • compressores • bombas • ventiladores	Medidor de vibração Analisador Sistema de vigilância permanente	3.000 a 1.500 horas
Medição das falhas e rolamentos	Todos os rolamentos	Medidor especial ou analisador	500 horas
Análise estroboscópica	Todos os lugares em que se quiser estudar um movimento, controlar a velocidade ou medir os planos	Estroboscópio do analisador de vibrações	Segundo a necessidade
Análise dos óleos	• redutores e circuitos hidráulicos • motores	Feita pelo fabricante	6 meses
Termografia	• equipamento de alta-tensão • distribuição de baixa-tensão • componentes eletrônicos • equipamentos com componentes refratários	Subcontratação (terceirização)	12 meses
Exame endoscópico	• cilindros de compressores • aletas • engrenagens danificadas	Endoscopia + fotos	Todos os meses

3.4 ENGENHARIA DE MANUTENÇÃO

É o conjunto de atividades para aumento da confiabilidade e para garantia da disponibilidade. Visa a melhoria de padrões por meio de um planejamento de manutenção, baseado em informações sobre a operacionalidade das máquinas e dos equipamentos e aquisição antecipada de peças de reposição e itens necessários à manutenção, para ter disponibilidade quando ela for realizada.

A engenharia de manutenção é baseada em planejamento, evitando a manutenção corretiva. Para isso, é necessário adotar técnicas de manutenção preventiva e preditiva.

As empresas que são referência adotam técnicas preditivas e a prática da engenharia de manutenção. A Tabela 3.3 demonstra o porquê disso, relacionando os tipos de manutenção com os custos.

Tabela 3.3 Custo dos tipos de manutenção

Tipo de manutenção	Custo (US$/HP/ano)
Corretiva não planejada	17 a 18
Preventiva	11 a 13
Preditiva/corretiva planejada	7 a 9

(*) HP (*horse power*) é a potência instalada.
Fonte: NMW Chicago, 1988 citado por Xavier (2014).

A manutenção é uma atividade de importância estratégica nas empresas por garantir a disponibilidade dos equipamentos e instalações com confiabilidade, segurança e custos adequados. Aplicar o tipo de manutenção mais adequado e corretamente otimiza a atividade agrícola e gera lucro ou sobrevivência para a Unidade beneficiadora.

3.4.1 Otimização de manutenibilidade

É a assistência dada ao equipamento, visando a melhorar o projeto original com o intuito de aumentar a eficiência do sistema, diminuindo a incidência de falhas, aumentar o índice de confiabilidade, melhorar as condições de acesso, de visão e manutenção dos elementos da máquina, aumentar a vida útil do equipamento e eliminar ao máximo a necessidade de manutenção, melhorando também as condições funcionais e operativas, cujas vantagens são:

- ser a técnica "ideal" de manutenção;
- ter a tendência a eliminar ou reduzir o aparecimento de falhas;
- fornecer a informação necessária para julgar sobre a aquisição de novos equipamentos, quando a especificação técnica é indispensável para prevenir alta incidência de manutenção futura.

3.5 CRITÉRIOS DE AVALIAÇÃO DOS RESULTADOS DAS INSPEÇÕES

A partir dos dados coletados pelos instrumentos de medição, faz-se uma avaliação e uma interpretação desses resultados de inspeções para definir as ações necessárias para a correção por parte da equipe de manutenção.

Essas ações são baseadas nas recomendações a seguir, considerando, por exemplo, dados de análises de temperatura entre o meio ambiente e o equipamento sob inspeção. Os critérios são baseados na diferença encontrada entre essas temperaturas.

Essas faixas são apenas indicativas, baseadas em levantamentos de alguns equipamentos elétricos de potência, mas podem ser corrigidas conforme a experiência ou informações do fabricante.

a. 0 °C – 5 °C: intervenção da manutenção não determinada;
b. 5 °C – 15 °C: intervenção dentro do programa normal de manutenção;
c. 15 °C – 35 °C: intervenção logo que possível ou no máximo em 60 dias;
d. >35 °C: intervenção imediata, observando as restrições operativas do sistema.

Algumas observações sobre as diferenças de temperatura apresentadas anteriormente:

- as faixas de temperatura foram consideradas para correntes de 100% da corrente nominal, que é a corrente que o equipamento é projetado para suportar continuamente, e da corrente máxima de um período, que é a corrente que o equipamento pode suportar por um período curto de tempo;
- a intervenção da manutenção é específica para pontos quentes em conexões, que são áreas onde a temperatura é elevada devido à alta resistência elétrica. Os pontos quentes mais comuns em conexões são conectores e regiões de contatos externos;
- se pontos quentes forem detectados na parte interna do equipamento, mesmo que indiretamente, a intervenção deve ser realizada imediatamente, mesmo que isso possa causar uma interrupção no funcionamento do sistema;
- após cada reparo, deve ser realizada uma nova inspeção para verificar se o defeito foi eliminado.

Para se definir e realizar um programa eficiente de manutenção durante a safra e a entressafra de beneficiamento, é necessário considerar previamente os seguintes pontos:

- as condições físicas do ambiente de trabalho, incluindo limpeza, espaço e organização;
- a segurança dos trabalhadores, no que diz respeito ao ambiente de trabalho, às máquinas e aos equipamentos, e à disposição do processo;
- a segurança dos equipamentos é importante em todos os aspectos de sua construção e operação, além da sua disposição, estruturas de sustentação e dimensionamentos;
- a Unidade deve considerar a atividade de manutenção como essencial, com um responsável identificado para organizar e gerenciar as ferramentas e recursos necessários;
- a manutenção deve ser realizada por pessoas capacitadas, experientes e responsáveis, que sejam capazes de identificar possíveis anomalias durante a inspeção visual e anotá-las para que sejam tomadas providências;
- as ferramentas e o estoque de peças devem ser suficientes para realizar todos os tipos de manutenção necessários, e devem ser adequados para as especificidades de cada equipamento.

CAPÍTULO 4
Gestão de manutenção na safra

Toda manutenção deve ser planejada para garantir sua eficiência e eficácia. Para isso, é necessário que as Unidades de beneficiamento tenham seus controles documentados de forma acessível, prática e organizada. A partir desses controles, é possível gerar relatórios que facilitam a análise das informações levantadas, o que permite direcionar o planejamento das ações a serem realizadas de forma racional e viável.

A comunicação eficaz entre todos os envolvidos no processo de beneficiamento, desde o auxiliar administrativo até os mandatários/proprietários, é essencial para que os controles sejam realizados de forma completa e adequada. Isso permite que as informações necessárias sejam compartilhadas de forma eficiente, evitando erros e desperdícios. Além disso, a comunicação eficaz permite que os envolvidos no processo trabalhem de forma coordenada, o que contribui para o aumento da produtividade e da eficiência.

Atualmente, no Brasil, a coleta de dados é deficiente, pois é um processo que requer tempo e mão de obra. A manutenção auxiliada por computador (software específico) ajuda a explorar de forma detalhada os dados de manutenção preventiva e corretiva, o que permite um planejamento de compras de peças antecipado, a escolha de fornecedores mais adequados e a otimização permanente da manutenção e do custo.

Os cálculos para realização desse tipo de manutenção são realizados conforme segue, considerando-se que:

- TTP = tempo teórico de produção = 24 h;
- TRP = tempo real de produção = TTP (-) horas de manutenção;
- TMP = taxa de manutenção preventiva: deve ser na ordem de 10% (diária, semanal e mensal);

A manutenção preventiva é uma estratégia que visa a reduzir o risco de falhas nos equipamentos. Para ser eficaz, a manutenção preventiva deve ser realizada em pelo menos 10% do tempo total de operação dos equipamentos. Por definição, as horas de manutenção são o tempo médio (t) a ser dedicado à manutenção preventiva e podem ser calculadas da seguinte forma:

t = 24 h x 0,1 = 2 h 25 min por dia

Sendo: TMC = taxa de manutenção corretiva: deve ser inferior a 5%.

Tempo diário médio que deveria ser utilizado para a manutenção corretiva = 24 h x 0,05 = 1 h 15 min

O tempo dedicado à manutenção corretiva varia de acordo com o porte da Unidade. No entanto, um valor acima de 5% do tempo teórico de produção dedicado à manutenção corretiva é considerado um indicador de que ela não está sendo realizada de forma eficaz. Isso ocorre porque a manutenção corretiva é realizada após a ocorrência de uma falha, o que pode causar perdas de produção e produtividade.

A segurança é um princípio fundamental em qualquer atividade, incluindo a manutenção. É essencial que todos os equipamentos a serem revisados ou mantidos tenham um comando para desligar e travar, para garantir a segurança dos trabalhadores, o que evita que estes sejam expostos a riscos elétricos, mecânicos ou outros enquanto trabalham no equipamento.

Na entressafra, a manutenção deve ser planejada para ocorrer durante paradas longas e programadas da Unidade, ou durante a safra, se possível, no horário de ponta da concessionária de energia elétrica, quando muitas Unidades decidem desligar equipamentos por questões econômicas.

Para planejar a manutenção, são necessárias inspeções de rotina para identificar e orientar os trabalhos a serem realizados. A manutenção preventiva de rotina deve ser planejada de acordo com o checklist de inspeção.

Quando as inspeções forem realizadas entre turnos ou folgas, é indispensável se aproveitar esse tempo para:

- efetuar a limpeza da poeira superficial da Unidade, utilizando ar comprimido;

- realizar a limpeza interna dos principais equipamentos, como telas, grelhas, alimentadores e outros, para remover resíduos, sujeira e acúmulos que podem causar falhas ou problemas;
- verificar anomalias no interior de máquinas, como acúmulo de impurezas, poeira excessiva e indícios de formação de embuchamentos. Além disso, observar quebras, irregularidades, dentes ou pinos tortos, soldas com desgastes e rebarbas em chapas;
- verificar as principais tubulações de entrada e saída de produto e de resíduos, para identificar a necessidade de limpeza e consertar eventuais desgastes nas chapas. Em caso de necessidade, realizar a limpeza, conforme procedimentos estabelecidos;
- verificar as seguintes condições dos componentes mecânicos: excesso de lubrificação, folgas nas partes móveis, empenamentos de rolos, tensão de correias e correntes entre outros;
- verificar as vedações de válvulas de vácuo e equipamentos sob pressão, para garantir a estanqueidade e a segurança dos equipamentos;
- executar os reparos necessários, conforme identificados em inspeções anteriores ou durante a produção, para garantir o funcionamento correto dos equipamentos e evitar falhas;
- desligar e travar o equipamento antes de iniciar qualquer trabalho de revisão ou manutenção, para garantir a segurança do operador e evitar danos ao equipamento.

Dentre os turnos de trabalho e produção da Unidade, deve-se:

- observar a regularidade do funcionamento dos equipamentos e seus alimentadores, e observar ruídos anormais;
- medir as temperaturas dos rolamentos, mancais e sistemas de lubrificação, entre outros componentes, utilizando um termômetro com mira a laser para identificar possíveis problemas de funcionamento;
- verificar o alinhamento e a tensão das polias, engrenagens, roldanas, correntes, correias e fitas, conforme especificado pelo fabricante;
- realizar uma inspeção visual e funcional do sistema de ar para identificar possíveis problemas que possam causar vazamentos, amassamentos e perdas de desempenho;
- realizar uma inspeção visual e funcional de sistemas hidráulicos, procurando por vazamentos, condições dos filtros e aquecimento anormal.

A manutenção deve ser realizada por equipes de turno, compostas por pessoas especializadas. O trabalho deve ser documentado, utilizando-se checklists, tabelas específicas e levantamentos de ocorrências. É importante se definirem os períodos de programação da manutenção, de acordo com as necessidades de cada item.

Para realizar a manutenção dos equipamentos, o responsável deve observar os seguintes pontos importantes:

- fazer a limpeza da Unidade;
- cumprir os procedimentos de segurança antes de iniciar a manutenção;
- consultar o manual do fabricante para obter informações sobre a manutenção dos equipamentos, incluindo regulagens, velocidades, disposições etc.;
- planejar e organizar as tarefas com antecedência, para garantir a disponibilidade de todos os recursos necessários, evitando atrasos e aumento de custos;
- realizar a manutenção preventiva de máquinas que apresentam histórico de paradas ou que, pelo tipo de uso, podem causar paradas imprevistas, a fim de minimizar o impacto da interrupção da produção durante a safra. Entre elas, máquinas de ar e peneiras, elevadores de canecas, secadores.

A manutenção preventiva deve ser contínua e envolver todos os trabalhadores dos setores produtivos. Em uma UBG/UBS, existem várias etapas de produção, com máquinas de diversos tamanhos e capacidades. Portanto, é importante estabelecer uma sequência coerente para facilitar o acompanhamento e a organização da manutenção antes, durante e após a produção.

4.1 DOCUMENTAÇÃO

A documentação das ocorrências e o controle de registros das situações e causas detalhadas nas atividades operacionais da Unidade permitem identificar defeitos, avaliar o impacto sobre o custo e corrigir falhas de forma mais eficiente.

O avanço da tecnologia aumentou a complexidade e o volume de informações necessárias para a gestão das Unidades. Como resultado, o uso da informática tornou-se essencial para o controle e armazenamento dessas informações.

Para uma gestão de manutenção eficaz, é necessário automatizar os processos e preparar dados preliminares. Essas ações ajudam a reduzir os custos, pois permitem que os gestores tenham uma visão mais ampla e precisa da situação da manutenção. Assim, o uso de softwares especializados e profissionais bem treinados são essenciais para a agilidade, acompanhamento e organização das Unidades. Esses recursos permitem que os gestores acompanhem o desempenho da manutenção em tempo real e identifiquem problemas potenciais. Por fim, é importante gerenciar as Unidades como centros de custo e lucro, de forma a integrar as gestões agroindustrial, administrativa e financeira. Isso permite que os gestores tomem decisões mais estratégicas e eficientes, visando à melhoria da competitividade da Unidade.

A documentação e a informatização da gestão facilitam a formalização e modelagem das seguintes práticas:

- da manutenção;
- da qualidade;
- da gestão de estoques;
- da rastreabilidade de produtos;
- da gestão contábil e financeira; e
- do beneficiamento em si.

Os relatórios gerados por esses documentos auxiliam na tomada de decisões e no direcionamento de ações, como a escolha de fornecedores, peças e acessórios e serviços. Também permitem avaliar o tempo necessário para as tarefas, planejar a mão de obra, e identificar alterações e adequações necessárias. É importante planejar os trabalhos com antecedência para garantir as condições de trabalho e a realização da manutenção conforme o planejado.

Algumas sugestões de documentos de registros são apresentadas como modelos, baseados em experiências de trabalho dentro das Unidades. Os gestores podem modificar esses modelos para atender às necessidades específicas de cada Unidade. Um apoio documental eficaz para analisar os fatos, direcionar ações e planejar a manutenção deve conter dados levantados das ocorrências durante a safra, com informações essenciais. As tabelas apresentadas no próximo Item demonstram como isso pode ser feito.

4.2 TABELA DE MANUTENÇÃO PREVENTIVA

A tabela de manutenção preventiva deve ser elaborada com base no manual do equipamento fornecido pelo fabricante. No caso de não haver esse documento, ela pode ser baseada na experiência dos responsáveis, maquinistas, operadores, em consultas a especialistas e outros meios que sejam compatíveis com as atividades e processos.

No exemplo do Quadro 4.1, deve-se atentar para a frequência atribuída às tarefas e às ações referenciadas em cada item, como:

- verificar diariamente se os parafusos não estão danificados ou frouxos – reapertá-los semanalmente;

- verificar diariamente se há aquecimento excessivo nos mancais e efetuar limpeza;
- verificar o alinhamento das roscas transportadoras e de outros equipamentos.

A descrição das tarefas e sua frequência devem ser criteriosas, objetivas e claras, para que sejam operacionais e, principalmente, seguidas.

Quadro 4.1 Itens parciais de equipamentos

Elemento	MP diária	MP semanal	MP quinzenal
Parafusos	• Verificar ajustes ou danos	• Reapertar os parafusos	
Rolamentos e mancais	• Efetuar limpeza • Verificar aquecimento excessivo	• Alinhar as polias e as correias	• Verificar engrenagens e correntes • Lubrificar
Roscas transportadoras	• Verificar alinhamento		• Verificar engrenagens e correntes • Lubrificar rolamentos e mancais
Peneiras	• Efetuar limpeza	• Verificar o estado e o alinhamento	
Motor e motorredutor	• Verificar o nível de óleo • Limpar o suspiro do redutor • Limpar a tampa da hélice	• Alinhar a embreagem eletromagnética	

CAPÍTULO 5
Manutenção na entressafra

No Brasil, as agroindústrias geralmente aproveitam a entressafra para realizar as manutenções mais complexas e que demandam mais tempo, sejam corretivas ou preventivas; adaptações, adequações, melhorias ou modernizações. Essas manutenções geralmente começam logo após o fim da safra atual, com a desmontagem das máquinas e equipamentos para uma inspeção mais detalhada. A partir daí, são identificadas as necessidades mais pontuais, que podem passar despercebidas durante o funcionamento normal das máquinas e dos equipamentos na safra.

Nesse momento, é essencial documentar o passo a passo dos trabalhos para ter um registro e organizar todas as ações futuras, como compras de peças, contratação de serviços etc.

Os trabalhos dentro da Unidade devem ser realizados de forma gradativa, etapa por etapa, de forma sistemática. No caso de Unidades antigas e com mais de uma linha de processamento, sugere-se realizar o trabalho em uma linha por vez. Inicialmente, devem ser feitas inspeções em cada etapa do processo, avaliando cada máquina individualmente. Com o levantamento concluído, deve-se avaliar todas as necessidades, incluindo as informações dos relatórios de safra. A partir disso, definem-se as ações a serem realizadas. Com isso, é possível customizar a manutenção.

Para a manutenção preventiva, seja na época de safra ou na reforma, geralmente realizada no final da safra (entressafra), devem ser criados e utilizados alguns documentos básicos para garantir a eficiência e a eficácia das atividades. Esses documentos são:

- ficha de limpeza das máquinas e do prédio;
- lista de conferência ou checagem (checklist);
- ficha de intervenção (trabalhos efetuados).

Nas UBG e UBS nesse período, é comum serem desmontados secadores, realizadas manutenções e consertos em fornalhas, trocadas polias, realizados ajustes e emendas em chapas desgastadas pela fricção em tubulações e em transportadores, dentre inúmeras outras intervenções.

Todas essas ações são coordenadas para que o pessoal especializado realize as tarefas, utilizando as ferramentas corretas, usando EPI, desmontando equipamentos e substituindo partes danificadas e desgastadas por novas, as quais já devem estar em estoque.

O prédio também deve sofrer manutenções contra possíveis danos em paredes, portas, telhado, calhas pluviais, sistema elétrico.

É comum também que, na entressafra, os equipamentos recebam nova pintura para manutenção das chapas metálicas que eventualmente tenham sido danificadas. O prédio também recebe nova pintura e eventuais consertos. Nessa época, também, são realizadas obras civis de aumento do prédio, instalação de novos equipamentos, de novas linhas de processo, dentre outros.

Quando começar nova safra, a estrutura da Unidade estará pronta à espera do recebimento dos grãos/sementes em um ambiente limpo, organizado, com potencial para pleno funcionamento.

CAPÍTULO 6
Limpeza e manutenção em geral

A manutenção inicial e mais básica que pode ser realizada em uma UBG ou em uma UBS é a varrição. Essa limpeza da Unidade e do entorno consiste em varrer chão, paredes, tetos, vigas, contraventamentos e todas as partes que possam conter sujidades, teias, pó e restos de cultura. Após a varredura, esse material deve ser descartado ou queimado para não voltar a contaminar o ambiente.

A limpeza externa da Unidade consiste em remover arbustos e vegetações próximas às paredes que possam abrigar pragas. Também, a limpeza deve ser estendida aos depósitos de lenha, geralmente localizados na área externa. Essa limpeza deve ser constante, mas principalmente deve ser criteriosa na entressafra, para não contaminar a nova safra com restos da anterior.

Aproveitar o momento da limpeza para verificar a condição das telas protetoras contra a entrada de pássaros, verificar se as calhas pluviais estão limpas, para evitar entupimentos e consequentes vazamentos, limpar a caixa-d'água e tampá-la para evitar contaminação da água, além de fazer a manutenção necessária no terreno, como capina, por exemplo.

Todo o lote de grãos ou de sementes, quando provém do campo, traz em sua composição, além de sementes do cultivar de interesse, uma série de impurezas e contaminantes. Muitos desses componentes do lote fluem pelas máquinas e são separados em frações distintas. Outros se aderem a fissuras, reentrâncias, vãos e concavidades, constituindo-se em fontes contaminantes, que devem ser sumariamente eliminadas.

Programar o recebimento do produto é indispensável, pois evita o estrangulamento da capacidade de operação da UBG ou UBS. No caso de UBS, esse planejamento deve ser feito de forma que apenas um cultivar deverá ser mantido no setor de equipamentos da Unidade, mantendo os outros cultivares armazenados.

A cada troca de espécie e cultivar, toda a Unidade deverá ser minuciosamente limpa, e os detritos e sementes invasoras, eliminados. Essa operação de limpeza deve obedecer ao fluxo normal de sementes na UBS e deve ser executada sempre de cima para baixo no equipamento.

Em cada equipamento, a limpeza deve ser executada na seguinte ordem:

Elevador → Depósito → Máquina

A limpeza de equipamentos e seus componentes faz parte dos procedimentos básicos de manutenção. Muitas vezes, apenas uma limpeza adequada prolonga a vida útil de muitos componentes de uma UBG ou UBS.

A remoção do pó deve ser diária, pois esse procedimento pode evitar explosões e salvar vidas. Pode ser feita por meio de varredura ou com aspirador. Não é recomendado o uso de ar comprimido para remover o pó, pois coloca o pó em suspensão, gerando risco de explosão.

Algumas observações importantes no processo de manutenção quanto à limpeza são listadas a seguir:

- não lavar as peças de um equipamento a ser consertado antes de inspecionar e analisar a falha. Isso porque a limpeza pode apagar pistas importantes, como local de atrito, limalhas de desgaste, contaminação de lubrificantes etc.;
- não usar ar comprimido para limpar peças que ainda não tenham sido desmontadas, pois as sujeiras das mesmas ficariam no equipamento, contaminando outras peças;
- utilizar os martelos de chumbo, alumínio ou latão com cuidado, porque estes podem deixar fragmentos que se introduzirão nas peças; de preferência, devem ser utilizados martelos de plástico ou borracha;
- utilizar óleo ou graxa para lubrificar as peças antes de montar, ou protegê-las contra a oxidação;
- não usar chumaços de algodão para a limpeza das peças, porque estes deixam fibras prejudiciais; utilizar panos ou papéis;

- limpar tubos e condutos antes de montá-los ou depois de serem curvados com o calor, pois esse procedimento deixa lascas internas que devem ser eliminadas;
- fazer a limpeza das superfícies antes de pintar, para eliminar óxidos, escórias, sujeiras, graxas etc.;
- não deixar o equipamento desmontado, pronto para a montagem, exposto à contaminação ambiental.

Vale salientar que, na entressafra, muitas máquinas em UBG e UBS são desmontadas, recebem pintura e trocas de correias, e são feitos reforços, reparos etc.

A limpeza, além de ser um cuidado higiênico, tem função de tornar o ambiente mais saudável para quem nele trabalha e para o alimento que está sendo secado, armazenado neste local, dando confiabilidade ao consumidor.

Também, a limpeza, por remover o pó depositado nas superfícies, diminui riscos de explosão de pó, que causa prejuízos financeiros, até mesmo podendo causar a morte de trabalhadores.

As precauções a serem adotadas para se evitar ou restringir a formação de atmosfera explosiva são:

- retirada total, porém cuidadosa, do pó sedimentado;
- aspiração do ar empoeirado nos locais de sua formação (captadores de pó acoplados às máquinas);
- controle do desprendimento de pó.

Além disso, deve-se evitar possíveis fontes de inflamação que poderão ser a fonte de ignição da explosão, as quais devem ser eliminadas. São elas:

- superaquecimento de rolamentos devido à lubrificação ineficiente;
- aquecimento de correias devido ao tensionamento inadequado;
- roletes superiores e inferiores de correias transportadoras quando emperrados;
- lâmpadas incandescentes com uma camada de pó sedimentado;
- superfícies de equipamentos elétricos;
- partes incandescentes e chamas expostas de espirais de aquecimento, cigarros acesos, aquecedores com chama exposta, secadores com sistema de aquecimento direto, aparelhos de solda e corte, esmeril;
- faíscas produzidas mecanicamente por contato das caçambas dos elevadores com a proteção metálica, ocasionada pelo mau tensionamento da correia ou nivelamento incorreto do próprio elevador, peças de metal junto com o produto transportado (necessidade de limpeza com aparelhos magnéticos);

- contato de peças metálicas nos ventiladores;
- arcos voltaicos nos curtos circuitos;
- faíscas provocadas no ligamento ou desligamento de chaves elétricas;
- aquecimento de bobinas de reatância e cabos condutores elétricos danificados;
- aquecimento de pontos em ligações defeituosas, nos condutores desencapados.

Além de tudo isso, o pó é prejudicial à saúde das pessoas que trabalham nessas condições.

6.1 MANUTENÇÃO NO SETOR DE TRABALHO

Algumas observações importantes no processo de manutenção quanto ao setor de trabalho são listadas a seguir:

- ordenar os componentes desmontados, seguindo a sequência de montagem e protegê-los contra oxidação, sujeiras e pancadas;
- identificar as peças com números ou marcas, traçar um desenho esquemático ou utilizar um desenho do manual do fabricante, a fim de garantir que a montagem seja realizada na ordem correta;
- limpar e ordenar as ferramentas antes de iniciar o serviço, o que é essencial para garantir a segurança e a eficiência do trabalho;
- substituir ferramentas danificadas ou recuperadas antes de serem utilizadas novamente, pois o uso de ferramentas danificadas pode causar acidentes e danos ao equipamento.

Após a realização da manutenção, as ferramentas deverão ser guardadas, de forma organizada, em local adequado, para que, quando forem novamente necessárias, sejam facilmente localizadas.

6.2 QUALIDADE DO SERVIÇO

Algumas observações importantes no processo de manutenção quanto à qualidade do serviço de manutenção são listadas a seguir:

- não se deve realizar reparos sem primeiro localizar e corrigir a(s) causa(s) que provocou(aram) o(s) defeito(s);
- para se realizar a manutenção de um equipamento de forma eficiente e segura, é importante se ter um conhecimento profundo do equipamento. Isso inclui conhecer seus: desenho, funcionamento, princípios básicos e estado de condição

de funcionamento. A desmontagem do equipamento pode facilitar a visualização desses elementos, permitindo que o técnico identifique problemas e realize os reparos necessários;

- além das peças que serão reparadas, é importante se examinar o estado de funcionamento das outras peças vizinhas. Isso pode ajudar a identificar problemas potenciais e evitar que eles se agravem;
- localizar as seguintes falhas durante a manutenção de um equipamento: funcionamento defeituoso, ruído e aquecimento indevido, e desequilíbrio mecânico de eixos, mancais e transmissões;
- comprovar o nivelamento do equipamento;
- respeitar as tolerâncias e os ajustes prescritos;
- lembrar que o acúmulo de pequenos erros resulta em um erro maior;
- verificar o ajuste em rolamentos, deslizamento de guias e mancais, antes da montagem;
- suavizar as superfícies de fricção;
- na dúvida de peças a serem utilizadas ou sequências de montagem, consultar pessoal especializado ou manuais do equipamento;
- após finalizar o serviço, é importante verificar se as proteções, as tampas e os protetores de guias foram colocados corretamente;
- deixar o local de trabalho limpo;
- se o equipamento possuir sensores, estes devem ficar sempre limpos e protegidos da luz solar e da chuva;
- antes de entregar um serviço terminado, o responsável deve:
  - inspecionar o equipamento para verificar se a avaria e sua causa foram eficientemente consertadas;
  - efetuar testes e medições para determinar desvios em: deslizamentos, vibrações, temperaturas etc.;
  - operar o equipamento em produção normal, frente ao operador e supervisor, para verificar e mostrar o funcionamento eficiente.

6.3 REGRAS DE SEGURANÇA

Todas as pessoas que operam os equipamentos ou que trabalham na manutenção devem utilizar todos os EPI (Figura 6.1) para sua proteção. A manutenção deve ser feita sempre por profissional treinado.

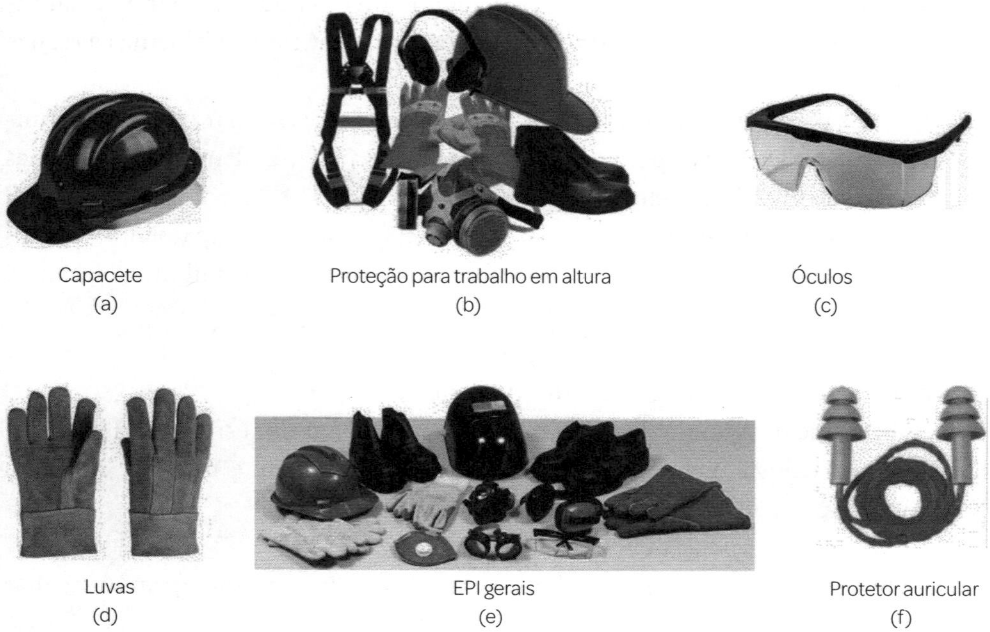

Figura 6.1 Alguns EPI que devem ser utilizados na manutenção.
Fonte: Soluseg (2024); b) Sindicon MG (2023); c) EPI online (2023); d) De Paula EPI (2024); e) Aventa (2023); f) Polo do EPI (2023).

Algumas observações importantes no processo de manutenção quanto às regras de segurança do trabalho são listadas a seguir:

- desligar os equipamentos da rede geral e bloqueá-la antes de começar o trabalho de manutenção ou lubrificação. Essa regra deve ser cumprida mesmo que os serviços não sejam no sistema elétrico;
- ter a consciência de que, como profissionais, são responsáveis pela segurança de terceiros, mesmo que esses terceiros não sejam seus funcionários;
- prevenir a queda de pessoas provocada por lubrificantes derramados;
- manter o equipamento de elevação (como talhas) em boas condições e não sobrecarregado;
- não utilizar ferramentas inadequadas ou defeituosas;
- prevenir riscos de explosões ao se aquecerem recipientes fechados ou com resíduos de óleo ou combustível;
- utilizar os EPI e a metodologia para trabalhos em altura e em ambientes confinados;
- verificar o nível de oxigênio antes de realizar manutenções em locais, como túneis e poços de elevadores;

- travar o quadro de comando elétrico, com cadeado e manter a chave na posse da pessoa que realiza a manutenção, para não haver risco de religamento de forma inadvertida.

6.4 CONTATOS COM A CHEFIA

Algumas observações importantes no processo de manutenção quanto à necessidade de contatar a chefia são listadas a seguir:

- informar de imediato as dificuldades e outras emergências aparecidas no serviço;
- tratar os problemas que surjam no serviço e sugerir soluções;
- informar o planejamento e a programação de finalização de cada serviço e executar os registros e relatórios necessários de sua competência.

CAPÍTULO 7
Manutenção de equipamentos de UBG e UBS

7.1 MANUTENÇÃO EM MÁQUINAS DE AR E PENEIRAS

Uma das máquinas mais importantes em uma Unidade de beneficiamento de grãos ou de sementes é a máquina de ar e peneiras (MAP). Ela é básica para as Unidades por separar as impurezas de tamanhos muito maiores e muito menores que as sementes/grãos, quando funciona como pré-limpeza; e em dimensões mais aproximadas ao tamanho das sementes/grãos, quando funciona como limpeza. Também remove impurezas leves através da corrente de ar. O teor final de impurezas admitido em máquinas de ar e peneiras (MAP) é de até 2%, quando elas funcionam como pré-limpeza; e de 1% ou menos, quando funcionam como limpeza. As máquinas de pré-limpeza são, geralmente, instaladas entre a recepção e os secadores, e as de limpeza, após os secadores. Esse tipo de máquina opera a partir de dois princípios: peneiramento e insuflação/sucção de ar.

A redução das impurezas é importante para a secagem e para o armazenamento de grãos e sementes. Na secagem, por reduzir a quantidade de material muito úmido (talos, folhas etc.) e por diminuir o material muito menor que o produto, que poderia obstruir os poros da massa, dificultando a passagem do ar de secagem e, depois, no armazenamento, do ar de aeração. Também, as impurezas aumentam os riscos de contaminação da massa de produtos, por pragas. Ainda tem uma questão de custos envolvida, que é a economia de energia, por não se secar nem aerar uma determinada quantidade de impurezas, que também ocupariam espaços nos secadores e nos silos.

Antes de realizar a manutenção propriamente dita, é preciso limpar a máquina, o que também deve ser feito diariamente. Antes de limpar ou fazer manutenção, deve-se certificar que a MAP esteja desligada da corrente elétrica, o que é uma medida básica de segurança.

A metodologia para se realizar uma limpeza eficiente em uma MAP é a seguinte:

- retirar as peneiras da caixa de peneiras para facilitar a limpeza, e fazer a limpeza completa;
- abrir a porta do depósito de alimentação, para remover resíduos que possam causar obstrução;
- verificar se as esferas de borracha de limpeza das telas estão em boas condições de elasticidade; caso estejam sem elasticidade ou ressequidas, devem ser substituídas; e, do mesmo modo, se o sistema for com escovas, verificar se estão desgastadas, e, neste caso, substituí-las;
- utilizar um rodo de madeira para remover o excesso de impurezas retidas nos furos das peneiras;
- colocar a MAP em operação, abrir o registro do ar superior e inferior, por alguns minutos;
- desligar a MAP, limpar as superfícies externas com escova e ar comprimido ou aspirador;
- remover a graxa das polias, eixos, mancais e graxeiras, limpar as correias;
- limpar a chapa abaixo das peneiras;
- fazer a inspeção e a limpeza dos caixilhos, removendo qualquer semente alojada em ranhuras e reentrâncias;
- limpar os eixos excêntricos e braços;
- remover a proteção dos ventiladores e limpar a carcaça com aspirador de pó;
- abrir e limpar a câmara de ar inferior e os registros de ar;
- limpar as calhas e bicas de descarga;
- limpar todas as peneiras antes de guardá-las;
- não utilizar água para a limpeza interna da máquina, a fim de evitar pontos de corrosão, usar escovas e ar comprimido.

Os componentes de uma máquina de ar e peneiras (MAP) que necessitam de manutenção são: elétricos, mecânicos e de concreto (base de fixação).

Dentre os componentes elétricos, estão: motores do ventilador e de acionamento do eixo das peneiras.

Dentre os componentes mecânicos estão: eixo de acionamento das peneiras; molas de sustentação das caixas de peneiras; mancais; excêntrico; contrapeso para balanceamento; bielas de acionamento das caixas de peneiras e chapas.

Dentre os componentes de concreto estão os pilares de sustentação.

Esse tipo de máquina (Figura 7.1) é composto de: 1) motor do ventilador; 2) sistema de exaustão – ventilador; 3) corpo da máquina; 4) sistema de alimentação, composto por compartimento de entrada do produto e distribuidor de produto; 5) câmara gravitacional; 6) palhetas de descarga de impurezas; 7) calha de descarga de impurezas; 8) caixas de peneiras; 9) peneiras (Figura 7.9); 10) estrutura de sustentação da máquina; 11) motor de acionamento do eixo das peneiras (Figura 7.2); 12) eixo de acionamento das peneiras (Figura 7.3); 13) mancais (Figuras de 7.4 a 7.6); 14) excêntrico (Figura 7.5b); 15) contrapeso para balanceamento (Figura 7.5e); 16) bielas de acionamento das caixas de peneiras (Figura 7.5c); 17) calha de impurezas bem maiores que as sementes/grãos; 18) calha de impurezas bem menores que as sementes/grãos; 19) calha de impurezas maiores que as sementes/grãos; 20) calha de impurezas menores que as sementes/grãos; 21) calha de descarga de produto limpo; 22) funil de descarga de produto limpo; 23) base de sustentação.

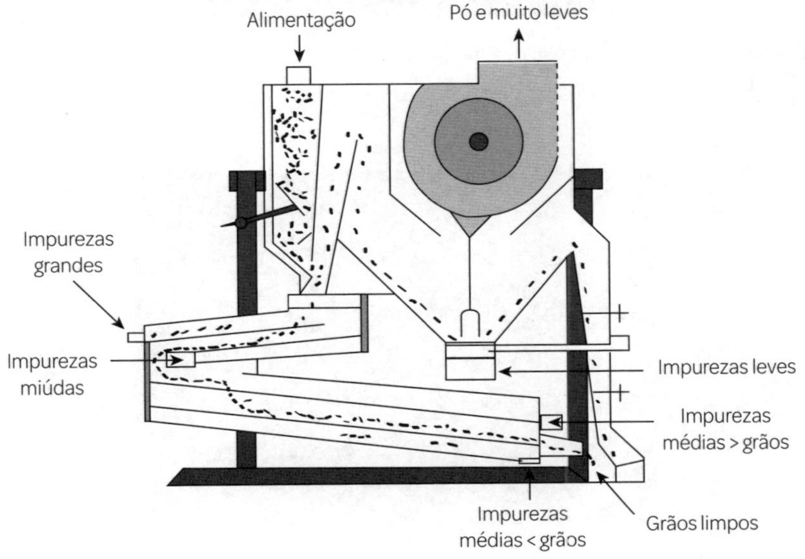

Figura 7.1 Máquina de ar e peneiras (MAP) e suas partes.
Fonte: Autores (2024).

Figura 7.2 Manutenção nas correias, verificando a tensão.
Foto: Autores (2024).

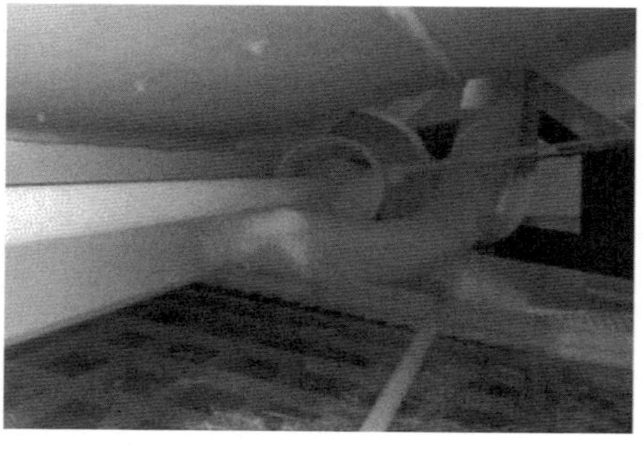

Figura 7.3 Eixo de acionamento das peneiras.
Foto: Autores (2024).

Figura 7.4 Rolamentos e mancais que devem ser limpos e lubrificados.

Foto: Autores (2024).

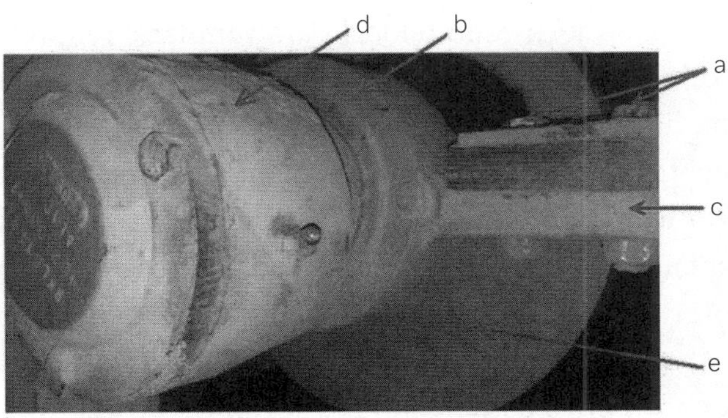

Figura 7.5 Manutenção em: a) parafusos; b) eixo excêntrico; c) biela; d) mancal; e) contrapeso.

Foto: Autores (2024).

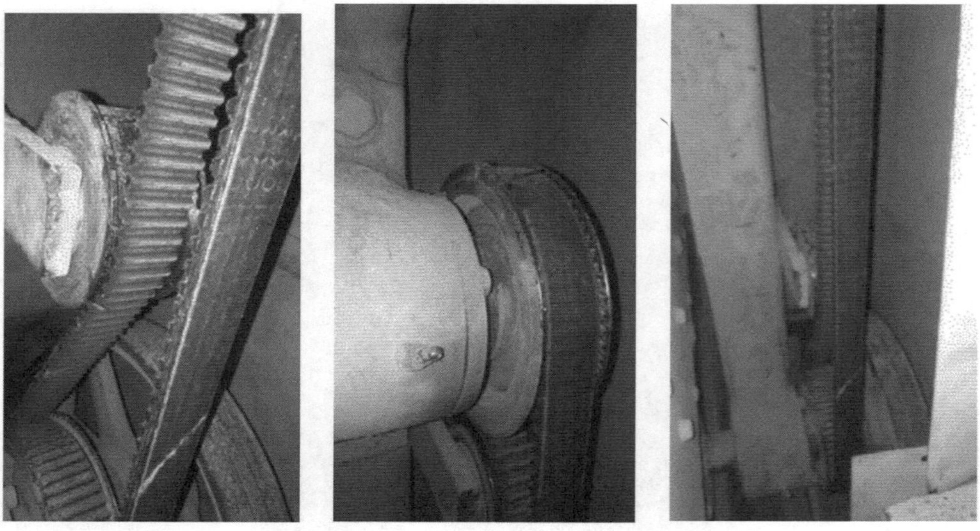

Figura 7.6 Manutenção de correias, mancais e rolamentos.
Fotos: Autores (2024).

As recomendações de manutenção preventiva das MAP são, inicialmente, relativas à limpeza diária, sempre se observando que esta operação seja realizada com a máquina desligada e o quadro de comando elétrico travado com cadeado e com aviso de segurança, para certificar-se de que ela não será ligada inadvertidamente enquanto a equipe estiver fazendo a manutenção. Também, é mandatório seguir as normas de segurança e usar os EPI recomendados para a tarefa.

Caso seja necessário usar equipamento de solda ou outro que possa provocar faíscas, primeiro deve-se abrir todo o local para ventilar e remover o pó acumulado, para evitar explosões.

Para a garantia da genética das sementes, faz-se necessário, sempre que forem beneficiadas sementes de diferentes espécies ou variedades, realizar a limpeza cuidadosa, para evitar a contaminação. Cada vez que houver necessidade de troca de peneiras, é recomendado fazer uma limpeza, que também facilitará a regulagem dos registros conforme as sementes e de ar quando a máquina retornar à sua operação normal.

A manutenção preventiva compreende os seguintes procedimentos:

- trocar as peças de alto desgaste, como manutenção preventiva, evitando o desgaste total;

- reapertar os parafusos de fixação do motor do ventilador;
- lubrificar os rolamentos, retirando antes a graxa antiga (Figuras 7.4 e 7.6), além de fazer a verificação de esferas ou roletes;
- verificar a tensão das correias em "V" existentes (Figura 7.2) e, se necessário, realizar sua troca;
- fazer a limpeza geral de máquina, lubrificação, reapertos e colocar o equipamento em funcionamento por pelo menos 30 minutos em vazio para observar se o aperto dos parafusos foi correto e se os demais itens de fixação (Figura 7.7) foram adequadamente realizados, tudo isso após a safra;
- verificar se há folgas dos parafusos da biela e travessa. Se houver alongamento dos furos da biela, substituir o par e fazer o reaperto (Figura 7.5a);
- fazer a manutenção de correias, mancais, rolamentos e motores elétricos, conforme indicado pelos fabricantes (Figura 7.6);
- verificar se há aquecimento excessivo dos motores elétricos que movimentam as peneiras e o(s) ventilador(es), com análise termográfica, análise de consumo de corrente com alicate amperímetro, nível de ruído aceitável, verificado com decibelímetro e análise de vibrações, com medidor ou analisador de vibração (Figura 7.8);
- não colocar peso nem pisar ou caminhar sobre as peneiras durante a manutenção;
- substituir peneiras deformadas (Figura 7.9);
- regular a velocidade de vibração e inclinações das peneiras, para evitar o descarte de sementes/grãos comercializáveis;
- verificar se há pontos de escape de ar no sistema de sucção/insuflação, pois isso afeta o rendimento do equipamento;
- verificar se os pontos de ancoragem e chumbamento estão em condições adequadas ou se sofreram alguma deformação.

Figura 7.7 Limpeza geral da MAP.
Fonte: Pimentel, Mendes e Oliveira (2019).

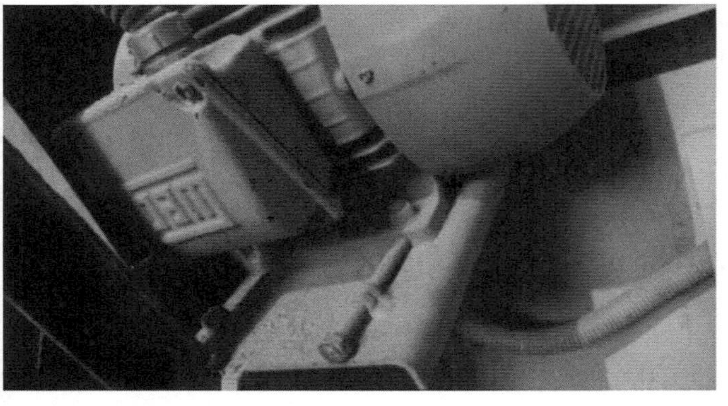

Figura 7.8 Verificação de possível vibração do motor.
Foto: Autores (2024).

Figura 7.9 Peneira abaulada, rompida e obstruída por palhas e impurezas.
Foto: Autores (2024).

A manutenção preventiva e a capacitação da equipe de trabalho contribuem para a redução dos custos, o aumento da eficiência e a melhoria da qualidade final do produto armazenado.

Para uma perfeita manutenção preventiva, o interessante seria o controle e o monitoramento das manutenções, para que sejam realizadas não somente na entressafra ou corretivamente, mas, sim, após um determinado número de horas de utilização do equipamento, que seriam consideradas críticas nas condições da Unidade de beneficiamento. Por exemplo, se após várias manutenções se verificou que uma correia dura 450 h de trabalho, assim, após um período de uso próximo a este tempo, já poderia haver a troca, sem o perigo de haver uma ação corretiva.

Um resumo dos passos a serem executados para manutenção das MAP é apresentado a seguir:

1. inspecionar diariamente todos os parafusos e porcas, apertando-os ou substituindo-os quando necessário;
2. inspecionar a tensão das escovas e das molas no mecanismo de limpeza das peneiras, ajustando-os ou substituindo-os quando necessário;
3. inspecionar o sistema verificador de nível do tanque do alimentador da MAP para que fique completamente cheio, a fim de se obter um fluxo uniforme de sementes/grãos em toda a largura das peneiras;
4. inspecionar os ajustes do(s) ventilador(es) e do eixo excêntrico, quanto ao desgaste e à vibração excessiva, fazendo a substituição quando necessário;
5. inspecionar a caixa de ar para verificar se não está obstruída por palha e material leve;

6. verificar se não há danos nos dutos de exaustão de ar, para observar se as sementes/grãos não estão sendo levadas e descarregadas incorretamente;
7. inspecionar diariamente para verificar se todas as peneiras estão ancoradas adequadamente nas sapatas;
8. inspecionar diariamente para verificar se todas as peneiras estão niveladas adequadamente;
9. limpar a máquina após cada troca de operação, incluindo as peneiras, e lubrificar todos os mancais, conforme o manual do fabricante;
10. inspecionar frequentemente a máquina durante sua operação para detectar visualmente ou por ruído qualquer mau funcionamento;
11. inspecionar a máquina quanto aos desgastes e partes danificadas no final da safra, para estas serem substituídas imediatamente.

7.2 MANUTENÇÃO EM MESA DENSIMÉTRICA

A mesa densimétrica (Figura 7.10), como seu nome sugere, separa porções de um lote pela sua densidade ou peso específico. Esse equipamento pode separar, por exemplo, pedras, que geralmente são mais pesadas que os grãos, e impurezas que são mais leves que os grãos, por meio da estratificação desses materiais sobre a mesa porosa.

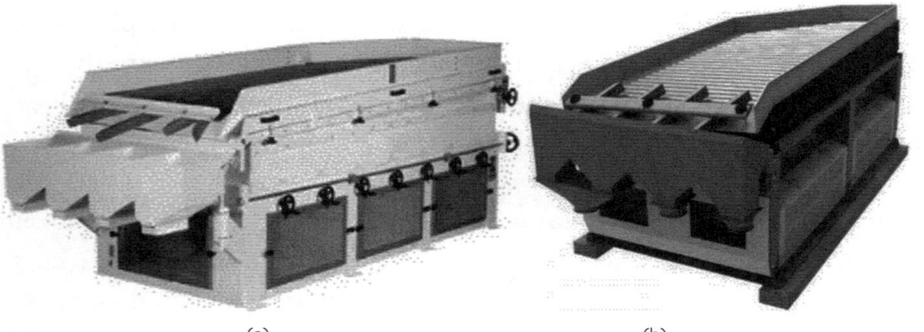

(a) (b)

Figura 7.10 Mesas densimétricas.
Fonte: a) Zaccaria (2023); b) Silomax (2023).

Os principais problemas são ocasionados por excesso de graxa ou entupimento por poeira; portanto, uma limpeza criteriosa interna e externa é uma medida de manutenção essencial.

A metodologia para realizar uma limpeza eficiente e uma manutenção adequada em uma mesa densimétrica é a seguinte:

- desligar a máquina da corrente elétrica e travar para evitar religamento inadvertidamente;
- limpar o depósito e a bica de alimentação com ar comprimido ou aspirador;
- limpar a mesa (superfície porosa) com ar comprimido, aspirador e escova, cuidando para não danificar sua superfície;
- limpar as reentrâncias externas com ar comprimido ou aspirador;
- limpar as bicas de descarga;
- limpar motor, polias, correias e bicos de graxa usando pano, escova e ar comprimido ou aspirador, e fazer as devidas manutenções conforme apresentado no Item 7.1;
- limpar os filtros de dentro para fora com ar comprimido;
- fazer a devida manutenção a cada safra se houver ruídos nos motores elétricos e nos rolamentos do equipamento, conforme citado no Capítulo 8;
- reapertar parafusos das molas e chumbadores, a cada 120 dias, e os parafusos dos esticadores das correias;
- limpar os rotores dos ventiladores para remover a poeira das pás, que causam desbalanceamento;
- lubrificar mancais, conforme citado nos Capítulos 8 e 9;
- verificar periodicamente a tensão da correia do acionamento; se as correias estiverem apertadas demais, poderão queimar os rolamentos; se estiverem frouxas, deslizam e esquentam as polias.

7.3 MANUTENÇÃO DO CILINDRO SEPARADOR (*TRIEUR*)

O cilindro separador, ou *trieur*, é um equipamento comumente encontrado nas UBG e UBS para separar grãos/sementes quanto ao seu comprimento, separando inteiros de quebrados ou grãos/sementes longos de curtos em um lote.

Os cilindros podem estar dentro de caixas, como mostra a Figura 7.11, em módulos empilhados ou fora da caixa.

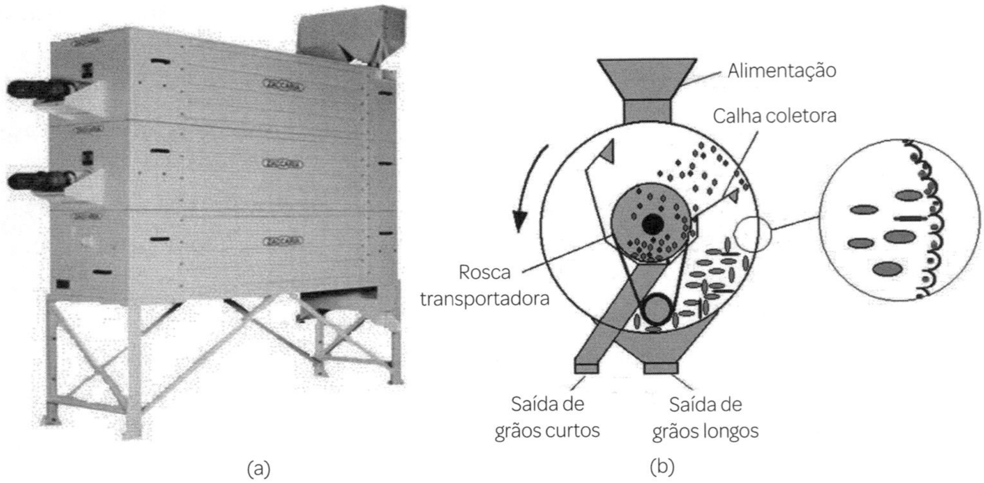

Figura 7.11 Conjunto de cilindros separadores e corte.
Fontes: a) Zaccaria (2016); b) Autores (2024).

A limpeza eficiente do cilindro separador deve seguir esta metodologia:

- desligar a máquina da corrente elétrica e travar para evitar religamento inadvertidamente;
- abrir completamente o controle de alimentação, suspender ao máximo a extremidade alimentadora da máquina, aumentar a velocidade ao máximo e inverter a calha de separação no interior do cilindro;
- ligar a máquina e deixá-la funcionar por alguns minutos;
- desligar a máquina e limpar as superfícies exteriores com ar e escova;
- limpar as polias, correias e bicos de graxa com escovas e pano;
- retirar o cilindro para uma melhor limpeza sempre que ocorrer a mudança de cultivar ou espécie;
- inspecionar e limpar a entrada de alimentação do cilindro separador;
- limpar o motor e as correias;
- limpar as bicas de descarga.

7.4 MANUTENÇÃO EM ELEVADORES DE CAÇAMBAS

O elevador é um transportador vertical muito utilizado para interligar equipamentos em uma UBG ou UBS, e paradas não programadas deste equipamento causam prejuízos financeiros, pois todo o processo tem de ser parado. Então, deve-se observar quais falhas podem ocorrer para preveni-las.

Algumas causas de falhas de um elevador de canecas são: a) operação com carga superior ao projetado, o que pode causar o transbordo das canecas e levar ao acúmulo de material no pé do elevador; b) falta de limpeza de rotina, que requer parada do equipamento; c) sobrecarga, que pode causar desgaste excessivo da correia de transmissão das canecas, levando ao seu rompimento; d) quebra da fixação de canecas na correia ou corrente; e) ruptura de correntes ou correias, podendo haver queda das canecas no corpo do elevador; f) quebra do eixo motriz; g) corpos estranhos, que podem causar danos mecânicos ao equipamento, travando-o (embuchamento) e causando paradas de até 36 horas para remoção do material, gerando grandes prejuízos financeiros.

A operação dos elevadores de canecas requer certos cuidados que estão diretamente relacionados com a sua manutenção. Os cuidados na operação influenciarão na vida útil do equipamento, o que requer um operador treinado. Por exemplo, nas paradas do elevador, deve-se observar se todo o produto foi descarregado, deixando as canecas vazias, para não sobrecarregar o motor e as transmissões na próxima partida, assim como os grãos que caírem devem ser removidos.

Antes de iniciar a manutenção, deve-se desligar e travar o sistema de ligação elétrica de acionamento do elevador e bloquear mecanicamente a correia de canecas, para evitar acidentes caso haja uma ligação inadvertida do equipamento. Contudo, antes de se fazer qualquer reparo, todas as janelas de inspeção do equipamento devem ser abertas, para evitar o risco de explosão de pó.

Com relação à manutenção das canecas, estas devem ser inspecionadas periodicamente, em especial suas fixações na correia, que devem ser alinhadas para não colidirem com as paredes internas do elevador, o que poderia gerar faíscas, que são fontes de ignição em explosões de pó ou incêndios. Também, as canecas devem estar limpas, íntegras, isentas de material aderido, para não influenciar na capacidade do elevador.

Deve-se observar se há ruídos referentes ao atrito das canecas com a estrutura do transportador, ou ainda de parafusos soltos, o que é um indício deste tipo de problema e causa desgaste da correia, que poderá vir a romper. Os parafusos, então, devem ser reapertados.

A correia deve estar perfeitamente esticada e alinhada. Uma inspeção periódica garantirá essa condição, uma vez que ela tende a alongar-se com o uso contínuo. A emenda deve ser verificada quanto à sua integridade, e os parafusos que prendem as canecas à correia devem estar bem ajustados.

A alimentação dos elevadores contínuos deve ser regulada de modo que as canecas não cavem o produto no fundo do pé do elevador, o que também sobrecarregaria o motor.

Toda a carcaça do elevador, bem como a parte inferior devem estar livres de incrustações, portanto, devem ser inspecionadas e limpas constantemente, para evitar acidentes.

Os rolamentos, os mancais, os redutores e as transmissões devem estar lubrificados, conforme as condições ambientais do local de trabalho, a abrasividade do material transportado e o tempo de trabalho; e devem ser substituídos quando necessário. O motor também deve ter sua manutenção programada, bem como o sistema de freios, além de sensores, caso existam. Todas as partes móveis têm de ter uma tela ou carcaça de proteção, a fim de se evitarem acidentes (Figura 7.12).

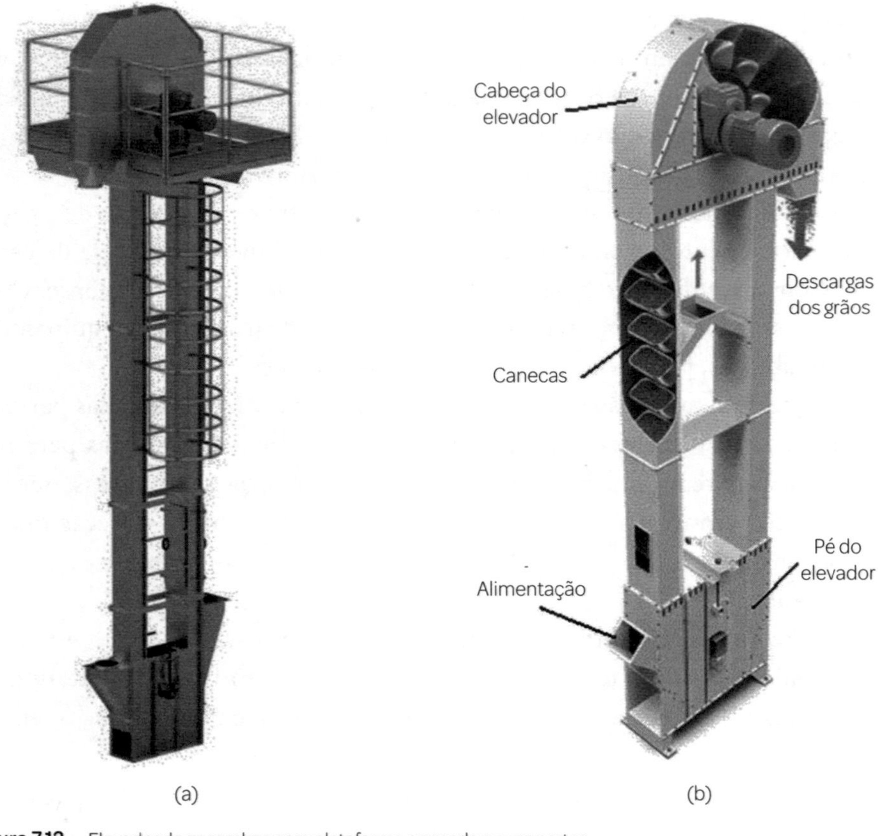

Figura 7.12 Elevador de caçambas com plataforma e escada e suas partes.
Fontes: a) Jhonrob (2023); b) Adaptada de Fábrica do Projeto (2023).

A cabeça dos elevadores centrífugos é reforçada com material emborrachado nos locais de impacto e nas curvas, para evitar o desgaste excessivo das chapas.

A metodologia para se realizar uma limpeza eficiente em elevadores de canecas é a seguinte:

- desligar o equipamento da corrente elétrica e travar para evitar religamento inadvertidamente;
- verificar as condições de oxigenação (com medidores de nível de oxigênio ou de CO_2) do poço do elevador antes de descer para dar manutenção no pé deste, em especial em poços profundos;
- desligar e travar;
- abrir a parte inferior (pé) do elevador, as janelas de inspeção do corpo e da descarga, removendo o produto depositado;
- ligar o elevador, deixando-o funcionar por alguns minutos;
- desligar, travar e tornar a limpar as partes internas e externas do equipamento;
- girar a correia manualmente e remover as sementes alojadas atrás das canecas (afrouxar as canecas, se necessário);
- limpar as bicas de descarga com ar comprimido ou, de preferência, com aspirador;
- limpar os eixos e mancais, removendo qualquer excesso de graxa;
- bater nas laterais do elevador com um martelo de borracha ou com as mãos, para desalojar material aderido;
- remover material acumulado no pé do elevador, nas canecas, na gaiola e na roda de acionamento;
- tornar a ligar o elevador, deixando-o por alguns minutos ligado. Desligá-lo e limpar a base novamente;
- limpar o poço do elevador e verificar se há vazamentos na estrutura, sempre lembrando-se de que este é considerado um ambiente confinado (NR-33).

Sobre o poço do elevador, as normas de segurança tendem a ser cada vez mais rígidas quanto ao seu dimensionamento e ao tipo de escada de acesso. Esse local, devido à fermentação de grãos e sementes que caem no fundo, podem ter grande concentração de CO_2; portanto, a descida nesse local para manutenção deve ser supervisionada, e as condições do ar devem ser testadas por equipamento capaz de determinar a quantidade de oxigênio/gás carbônico no ar, evitando, assim, desmaios e até morte por sufocação. Ainda, o poço do elevador deve ser coberto com estrutura rígida em volta do perímetro do elevador, não permitindo queda de pessoas, animais ou objetos.

Para realizar a manutenção na cabeça do elevador, deve haver uma escada de acesso com guarda-corpo e uma plataforma também com guarda-corpo.

7.5 MANUTENÇÃO EM CORREIAS TRANSPORTADORAS

As correias transportadoras também são elementos de interligação de equipamentos e precisam estar em excelente estado para garantir a produtividade das Unidades que as utilizam, e, para isso, precisam de manutenção adequada e nos prazos certos.

Os cuidados com as correias transportadoras envolvem procedimentos diversos que atuam como prevenção a qualquer problema, sendo a inspeção de alinhamento a mais conhecida das medidas. Todos os dias, essa inspeção deve ser realizada nas correias transportadoras para detectar eventuais desgastes e correção, o que impede que as bordas sofram danos.

O alinhamento das correias transportadoras é especificado pela fábrica e deve ser levado em conta na montagem, considerando a posição correta de tambores, roletes e acionamentos. A durabilidade e as operações corretas das correias dependem diretamente de uma montagem com qualidade.

Outro fator importante na manutenção é a aferição, que deve ser realizada seguindo-se as recomendações do fabricante e jamais se deve ultrapassar três meses entre uma aferição e outra.

O cuidado com as correias transportadoras, seguindo as recomendações do fabricante, ajudam a garantir uma maior vida útil do equipamento.

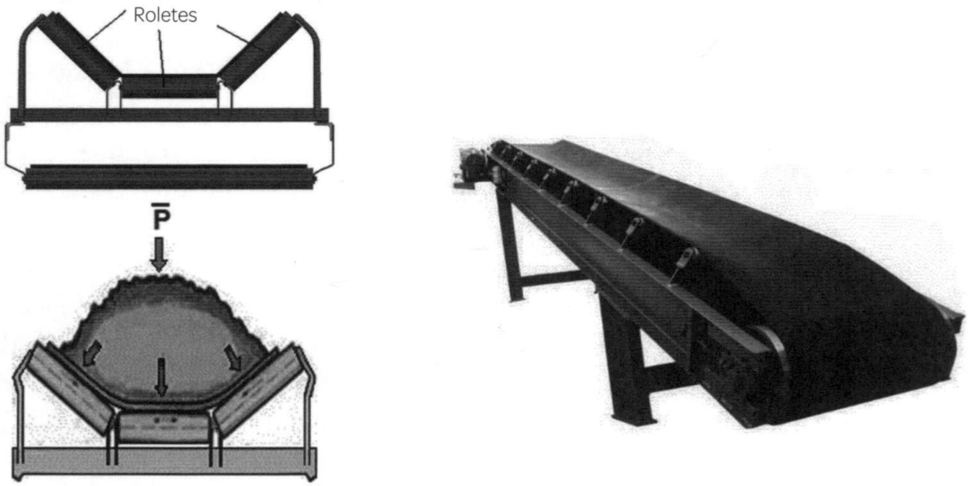

Figura 7.13 Correia transportadora.
Fonte: a) Autores (2024); b) Terranova (2023).

Durante a manutenção, deve-se verificar o estado da correia quanto a danos e cortes, e, se ocorrerem, deve-se buscar a causa, para que o problema seja solucionado, alinhar a correia, verificar o estado de rolamentos e mancais, repor roletes danificados e ajustar a tensão da correia, sempre com a máquina desligada da energia elétrica. Caso a correia esteja muito esticada, sua vida útil é reduzida e danos ocorrem, principalmente nos mancais e rolamentos dos tambores.

Também se deve verificar as condições do motor de acionamento.

No trabalho de manutenção, a avaliação é feita por torquímetros, medidores de temperatura e pressão, além dos calibradores, alinhador de polia a laser, equipamento para medir a tensão de correia de borracha, medidor de desgaste da correia.

7.6 MANUTENÇÃO DE OUTROS TRANSPORTADORES E DISPOSITIVOS

7.6.1 Rosca transportadora

As roscas, também chamadas de sem-fim, caracol ou helicoide, podem ser instaladas abertas ou fechadas, em calhas ou dentro de tubos, para transportar material de um equipamento para outro dentro de uma Unidade. Podem causar danos mecânicos em sementes, mas são bastante utilizadas em UBG.

Para sua manutenção preventiva, devem ser verificados: o estado dos rolamentos, o alinhamento e o aperto dos parafusos, o mancal e o jogo de buchas, e deve-se fazer as devidas lubrificações.

Deve-se observar se há desgaste do helicoide e da calha, pois os produtos transportados, muitas vezes, são bastante abrasivos.

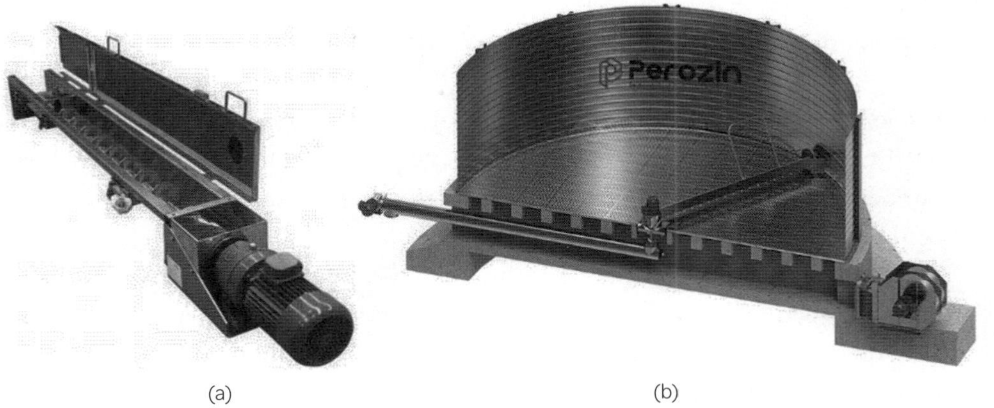

(a) (b)

Figura 7.14 a) Rosca transportadora; b) Rosca varredora dentro do silo que descarrega o produto na rosca transportadora abaixo do silo.

Fontes: a) Vibramax (2023); b) Perozin indústria Metalúrgica (2023).

O transporte inadequado, que cause impactos ou danos, pode ocasionar desalinhamento de mancais, danificação de eixos e rolamentos, afrouxamento de parafusos e porcas, empenamento do helicoide, entre outros problemas. Deverão ser utilizados calços específicos para fixar os equipamentos durante o transporte ou a movimentação, de forma a se conseguir o perfeito nivelamento e alinhamento e não se provocarem distorções no transportador.

Para finalizar o esvaziamento dos silos são usadas roscas varredoras, as quais são instaladas no fundo dos silos, que giram em torno da sua circunferência, removendo a massa de grãos que não escoa por gravidade para a saída central do silo de fundo plano. Nas roscas, deve-se verificar a união das calhas e a base do acionamento, bem como se a rosca está torta ou com uma flecha fora do limite de trabalho. Também se deve verificar se há parafusos frouxos. O helicoide deve ser checado periodicamente, para se verificar o desgaste, a roda emborracha e demais itens móveis. Nas roscas varredoras que possuem caixa redutora na roda emborrachada e acionamento por motorredutor, o nível do óleo deve ser verificado sistematicamente. Para prolongar a vida útil do equipamento, é importante realizar uma limpeza completa após a operação. Isso porque os grãos desprendem um pó fino que, em contato com umidade e calor, pode fermentar e causar corrosão. Além disso, esse material pode contaminar os grãos da próxima carga.

Outra verificação é se a rede elétrica está alimentando adequadamente a carga do equipamento e se a tensão não está ultrapassando os limites máximos de ±10% do valor nominal. Quanto ao sistema de partida, é recomendada a instalação de uma chave elétrica, de forma que o motor parta com carga e com proteção contra curto-circuito e sobrecarga. Ainda, deve ter uma proteção adicional contra falta de fase e subtensão, obtida pela instalação de um relé.

Os principais cuidados com a manutenção das roscas são:

- limpeza – deve-se efetuar limpezas periódicas para se retirarem poeira, óleos e detritos, tanto na parte externa da rosca como no motor/motorredutor, mas também internamente, removendo-se material que possa estar aderido ao helicoide ou na calha;
- pintura – deve ser inspecionada rotineiramente, a fim de se observarem focos de corrosão, que deverão ser removidos, e a área afetada deve ser repintada. No caso de necessidade de retoques, devem ser utilizadas tintas adequadas;
- lubrificação – as roscas transportadoras com acionamento direto por acoplamentos saem de fábrica lubrificadas com graxas à base de lítio. Durante a manutenção, a relubrificação deve ser feita com o mesmo tipo de graxa, não sendo

recomendável se fazerem misturas de graxas. Para se trocar a graxa, é necessário remover toda a graxa antiga, a fim de se evitar que a nova graxa se misture com a outra. A nova graxa deve ser compatível com a original, para garantir o bom funcionamento do equipamento. A relubrificação ou troca de graxa deve ser realizada de acordo com o número de horas de operação do equipamento, as condições de temperatura e o meio ambiente. O intervalo de tempo pode variar de três meses a um ano, ou pode ser determinado por experimentação a campo.

Todas as manutenções de eixos, acoplamentos, rolamentos, motores e motorredutores comentadas anteriormente são aplicadas à manutenção de roscas transportadoras também.

7.6.1.1 Observações preliminares antes do início do funcionamento da rosca

Antes de colocar a rosca em funcionamento, é importante:

a. verificar se foi selecionada a chave de partida correta com seus respectivos itens de segurança;
b. certificar-se de que o helicoide gira livremente, acionando-o manualmente. Se houver ruído ou bloqueio, estes devem ser corrigidos e eliminados completamente;
c. examinar o alinhamento dos mancais;
d. verificar se a lubrificação dos rolamentos está adequada e completá-la, se necessário;
e. assegurar-se de que todos os parafusos e porcas estejam bem apertados, porque, durante o transporte, a montagem e a instalação das máquinas, podem ocorrer vibrações e esforços que podem afrouxar ou causar folgas nesses elementos;
f. verificar se o alinhamento dos acoplamentos elásticos está correto, porque um desalinhamento diminui a vida útil do equipamento ou do componente e também diminui a potência do equipamento.

Depois de todas as verificações e ajustes anteriormente mencionados serem feitos, pode-se dar a partida no equipamento, certificando-se de que o sentido de rotação está correto e desligando-o novamente, assim que atingir a rotação nominal. Nesse primeiro momento, observar atentamente qualquer anormalidade, determinar sua causa e corrigi-la. Revisar e apertar novamente os parafusos e chavetas de fixação, pois eles podem se soltar devido à tendência de acomodação dos elementos.

7.6.1.2 Observações durante as primeiras horas de funcionamento

Após realizados todos os passos comentados no Item anterior, se todas as condições forem verificadas, então, pode-se colocar novamente a rosca em funcionamento, em vazio, por algumas horas. Deve-se verificar a corrente absorvida pelo motor em todas as fases e comparar com a corrente nominal indicada na placa. Em condições normais (regime contínuo e sem oscilação de carga), a corrente lida no amperímetro não deve exceder a corrente nominal. Também se deve verificar se há ruídos, vibrações, aumento de temperatura nos mancais ou outras irregularidades. Se houver, devem ser corrigidos, a fim de se evitar danos ao motor.

7.6.1.3 Segurança

Todos os elementos rotativos, como eixos, acoplamentos, polias e engrenagens, devem ser protegidos, cobertos ou cercados com barreiras de segurança para se evitar contato acidental com pessoas ou objetos. Muitos acidentes acontecem quando roupas ou partes do corpo ficam presos nesses elementos rotativos; então, a legislação exige que esses elementos fiquem protegidos durante seu funcionamento.

Durante o funcionamento da rosca, nunca se deve permitir a abertura de nenhuma porta de inspeção, evitando-se, assim, um acidente ao se manusear a rosca em operação. A instalação e o uso de uma chave seccionadora de segurança evitam uma partida acidental durante o período de manutenção da rosca.

Outro cuidado é quanto à tampa das caixas das roscas, em especial as que ficam no meio externo da Unidade. Elas devem estar fechadas, de forma a se evitarem quedas ou outros acidentes com os trabalhadores, que, muitas vezes, passam por cima dessas estruturas. Muitos acidentes, alguns fatais, já ocorreram quando pessoas caíram na calha de uma rosca em funcionamento.

7.6.1.4 Manutenção preventiva de roscas

Formas para orientação de operações de manutenção de roscas estão apresentadas a seguir.

a. **Verificação visual**: uma verificação simples é visualizar a caixa externa que contém a rosca, o motor e os mancais quanto ao surgimento de corrosão, trincas, rupturas de soldas ou qualquer outra irregularidade. Vazamento de graxa ou óleo dos mancais é um sinal de alerta, pois pode indicar defeito nos retentores ou que a vida útil do lubrificante tenha expirado, separando sabão e óleo. Isso pode comprometer o rolamento, deixando-o sem lubrificação e sujeito à entrada de umidade e sujeira.

b. **Teste de temperatura**: um teste de temperaturas de trabalho da rosca transportadora, usando-se um termômetro ou termovisor nos mancais da rosca e no motor elétrico, é importante para verificar aquecimentos irregulares.

Quadro 7.1 Instruções para determinação de defeitos

Sentido de rotação incorreto	
Defeito provável	**Correção**
Sentido de rotação incorreto	Verifique se o sentido de rotação está correto e coincidente com o indicado pelas setas, caso contrário, alterar a ligação do motor
Ruído excessivo	
Efeito	Causa provável e correção
Ronco	Rolamentos danificados. Trocar rolamentos
Intermitente	Desalinhamento do helicoide, ocasionando o roçamento do rotor na carcaça. Deve-se efetuar o alinhamento do rotor
Sobrecarga do motor elétrico	
Defeito provável	Correção
Tensão da rede muito baixa	• Verifique se a tensão da rede elétrico encontra-se dentro dos limites normais
Liberdade de rotação prejudicada	• Verifique se helicoide, eixo, rolamentos e motor giram livres • Verifique se não existe alguma obstrução a livre movimentação da transmissão • Selos muitos apertados podem frear a movimentação do eixo

Fonte: Adaptada de Bernauer (2017).

A rosca, bem como outros equipamentos, só deve ser montada e desmontada com as ferramentas adequadas para o serviço a ser executado, para não danificar o equipamento e não causar acidentes na pessoa que está realizando o serviço. Deve-se verificar, antes de se iniciar a manutenção, se a rosca está desligada da rede elétrica e se não tenha como ser ligada acidentalmente.

7.6.2 Redler

O redler, também chamado de transportador de corrente, é um equipamento de arraste de material. As correntes de metal, madeira ou polietileno são instaladas em caixas.

A manutenção consiste em verificar o estado dos rolamentos, o alinhamento da corrente, o estado das palhetas, a vedação da calha e o motor de acionamento.

A sua manutenção pode ser realizada com os equipamentos sugeridos no Item 7.5.

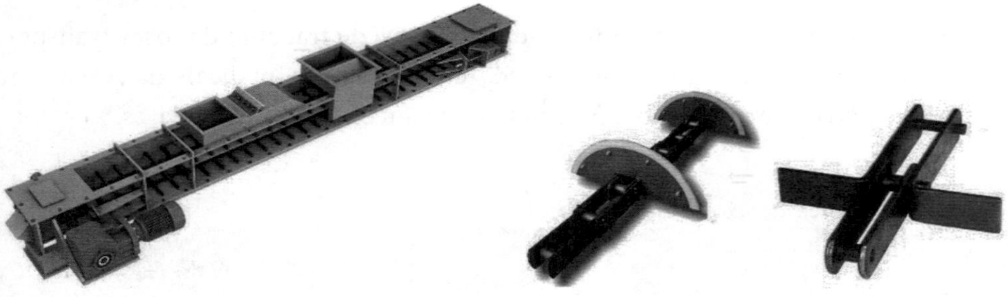

(a) (b) (c)

Figura 7.15 Redler e alguns tipos de correntes.
Fontes: a) Adaptada de CDM Systems (2023); b) c) Aba Correntes e Engrenagens (2023).

7.6.3 Tubulações e calhas

As tubulações que interligam os equipamentos de uma UBG ou UBS são, em geral, de aço-carbono e, às vezes, de aço inoxidável – por exemplo, em plantas agroindustriais de arroz parboilizado. As tubulações em aço-carbono, principalmente, se transportam grãos muito abrasivos, como é o caso de arroz em casca, sofrem constantes desgastes, necessitando de consertos durante a safra.

(a) (b)

Figura 7.16 Tubulações e calha vibratória.
Fontes: a) Adaptada de Cimisa (2023); b) Eco Sand (2023).

A manutenção preventiva nessas tubulações consiste em reforçar as chapas nos locais de impacto e nas curvas, bem como em instalar material emborrachado nos locais de impacto. Também, essas tubulações necessitam de pintura para controlar a corrosão, principalmente se ficam expostas às intempéries.

As calhas vibratórias não requerem esses mesmos cuidados periodicamente. Todavia, por serem vibratórias, os mecanismos que propiciam o movimento (bielas, junções etc.) também requerem inspeções e manutenção, conforme descrito no Capítulo 8.

7.6.4 Sistemas de descarga

Os sistemas de descarga, como registros do tipo gaveta, necessitam de manutenção periódica para funcionar adequadamente. Se o movimento deslizante for por engrenagens, requerem limpeza e lubrificação adequadas; também o sistema pode ser pneumático, o qual pode, inclusive, ser controlado por automação. A manutenção de sistemas pneumáticos é comentada no Item 8.3.8.

Os sistemas de descarga que funcionam com válvulas rotativas requerem manutenção de eixos, engrenagens e mancais, conforme descrito no Capítulo 8.

Os sistemas de descarga de grandes estruturas que são instalados em túneis também requerem limpeza periódica e reparos sempre que necessário nas escadas de acesso, piso e paredes. A limpeza visa à remoção de grãos que caem no chão, evitando fermentações e o pó acumulado. Essa limpeza evita a contaminação por pragas, como roedores, insetos e ácaros, além de diminuir o risco de explosão do pó, por se tratar de espaço confinado. A manutenção nesses locais requer todos os cuidados de segurança do trabalho em espaços confinados.

Os sistemas de descarga de secadores serão comentados no Item 7.7.

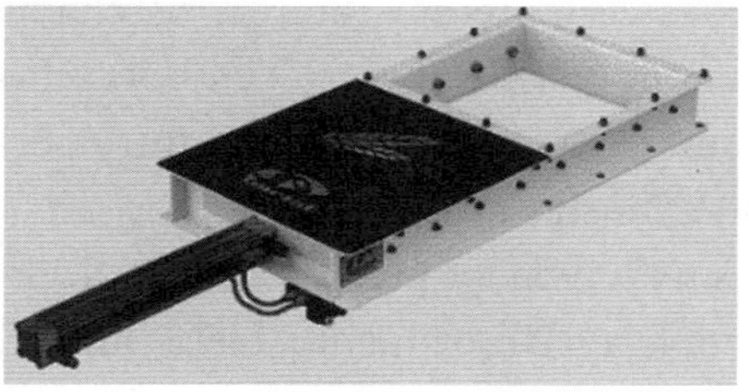

(a)

(b)

(c)

(d)

Figura 7.17 Registros: a) tipo gaveta pneumático; b) tipo gaveta manual; c) válvula rotativa; d) túnel de descarga de armazém graneleiro sobre fita transportadora.

Fontes: a) Imetal (2023); b) e-silo (2023); c) Lippel (2023); d) Corpo Bombeiros PR -NPT027-11 (2020).

7.6.5 Tratadoras de sementes

No fluxograma de uma UBS, existe um equipamento para tratamento das sementes com diferentes substâncias. Esse tratamento, comum na agricultura, tem o objetivo de proteger sementes e mudas contra patógenos e pragas, desde a semeadura até a germinação. Esses defensivos químicos também são utilizados para descontaminar as sementes, evitando que patógenos sejam introduzidos em áreas livres de doenças. Isso é importante porque muitas doenças podem ser transmitidas por meio de sementes.

Figura 7.18 Indústria para tratamento de sementes e sementes tratadas.
Fontes: a) Momesso (2023); b) CIMMYT, Foter.com/CC BY-NC-AS, apud Menten e Ramiro (2019).

O tratamento de sementes objetiva atingir uma melhor qualidade sanitária da semente e potencializar suas características genéticas, para que a semeadura e o consequente cultivo tenham a maior produtividade possível. Consiste em aplicar à semente: inoculantes; agentes de proteção a herbicidas; micronutrientes; reguladores de crescimento; revestimentos de sementes; e corantes, para evidenciar que a semente foi tratada, e outros tratamentos.

Após a realização do tratamento, as sementes são destinadas exclusivamente à semeadura e não podem ser usadas para alimentação humana ou animal.

Portanto, para tratar as sementes, são usados muitos produtos químicos cujos resíduos são altamente corrosivos, e por isso os equipamentos devem ser lavados sempre após seu uso, tomando-se os devidos cuidados com a saúde das pessoas e com as normas ambientais.

Os copos dosadores dos produtos químicos devem ser revisados a cada quatro horas para se ter a certeza de que não estão parcialmente cheios de pasta.

Deve-se drenar o tanque de produto químico após cada turno e lavá-lo cuidadosamente com água quente; e, também, limpar o tambor de mistura e os copos dosadores para remover sujeiras acumuladas.

Todos esses procedimentos devem ser realizados por pessoal treinado, adequadamente vestido, para não haver contaminação pelos agroquímicos, e deve-se observar todos os cuidados quanto ao descarte das embalagens dos produtos químicos e da água de lavagem, para não haver contaminação ambiental.

Uma Unidade tratadora de sementes possui elementos, como estrutura metálica, motores, elevadores e outros transportadores, tanques metálicos e plásticos. Todos esses elementos devem receber manutenção conforme cada componente, da forma que foi comentado em vários Capítulos deste livro.

7.7 MANUTENÇÃO DE SECADORES E FORNALHAS

Os secadores de grãos e sementes são um tipo de equipamento essencial em uma UBG ou UBS. O ar é aquecido para se realizar o processo de secagem em fornalhas, mais comumente com a queima de lenha ou de casca de arroz, podendo ser utilizado outro combustível. Devido ao baixo custo de aquisição, a lenha é o combustível mais utilizado na secagem de grãos no Brasil.

Os secadores devem ser desmontados na entressafra para limpeza completa e reparos eventuais em locais desgastados, desalinhados, nas câmaras de secagem (cavaletes) e nos dutos de ar. Essa limpeza é essencial para a remoção de pó e restos de grãos que, se não removidos, fermentarão, gerarão gases tóxicos, umedecerão as chapas, que por sua vez, ficarão enferrujadas. Esses materiais também podem obstruir zonas de passagem de ar, comprometendo o bom funcionamento do equipamento, e ainda possibilitar a ocorrência de incêndios.

Também, os secadores podem receber pintura para melhor conservação da chapa, se for o caso.

Quanto ao sistema de descarga de grãos do secador, os tipos podem ser: pneumático de bandejas, mecânico de bandejas, ou de eclusas rotativas. Qualquer que seja o sistema, a manutenção deve ser feita nos motores que acionam as partes móveis, nas correntes que devem ser lubrificadas e mantidas em boas condições, e nas válvulas pneumáticas de acionamento, conforme comentado anteriormente. O sistema de descarga tem de ser regulado, alinhado e reparado, caso tenha algum dano.

Na verificação do desempenho do secador, são observados seu consumo de energia para secar uma carga de grãos, as vazões de ar na entrada e na saída do secador e as pressões do ar nas câmaras, para se avaliar se o funcionamento é o ideal para aquele modelo de secador e se está em conformidade com suas especificações.

Os cuidados básicos com as fornalhas são:

- limpar periodicamente a estrutura metálica das grelhas, para desobstruir a passagem de ar que propicia o arrefecimento das grades metálicas, aumentando-se, assim, sua vida útil;
- distribuir uniformemente a lenha pela área da grelha, para obter um melhor aproveitamento do combustível, que garantirá que o fogo seja uniforme e que o combustível seja queimado de forma completa;
- abastecer a fornalha com a quantidade de lenha necessária para atender à demanda de calor, pois o superaquecimento da grelha e demais estruturas pode causar danos à fornalha;
- remover as cinzas com frequência, pois as cinzas acumuladas abaixo da grelha e demais seções da fornalha podem causar a emissão de fagulhas na câmara de secagem;
- manter abertas as entradas de ar primário, responsáveis por fornecer o ar necessário para a combustão, para garantir que a combustão ocorra de forma completa e eficiente;
- reparar problemas observados na estrutura externa, como paredes rachadas, portas desalinhadas etc.;
- limpar e fazer manutenção da fornalha nas entressafras para eliminar o abrigo de roedores e outras pragas.

A manutenção da fornalha deve garantir que ela funcione de forma eficiente, com máximo rendimento, o que resulta em economia de combustível e aumento da vida útil da própria fornalha.

Algumas empresas fornecem componentes refratários, grelhas, caixas para lenha e cinzas, portas, módulo cimentado, cobertura, dentre outros itens de reposição para fornalhas.

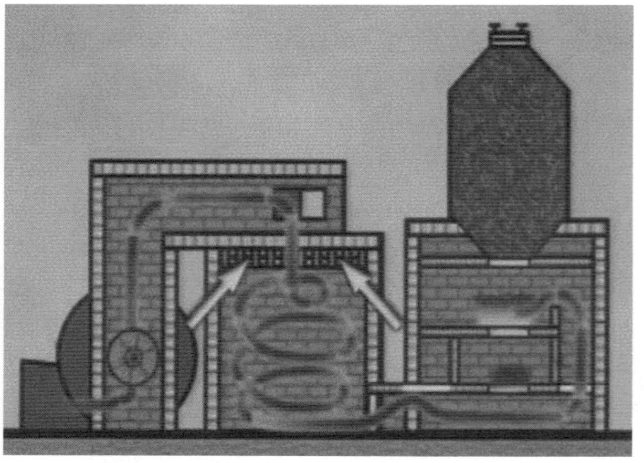

Figura 7.19 Fornalha e ciclone antifagulha.
Fonte: Corpo de Bombeiros PR–NPT027-11, (2020).

Para secadores com torre de secagem de cavaletes, existem kits para transformação da torre em colunas, possibilitando um fluxo diferenciado e mais homogêneo, o que pode ser útil em caso de modernização de secadores.

Ainda, existem produtos para automatização de secagem que possibilitam o controle de temperatura e níveis de carga e descarga, garantindo melhor rendimento do secador e economia de energia, que podem ser adicionados ao secador.

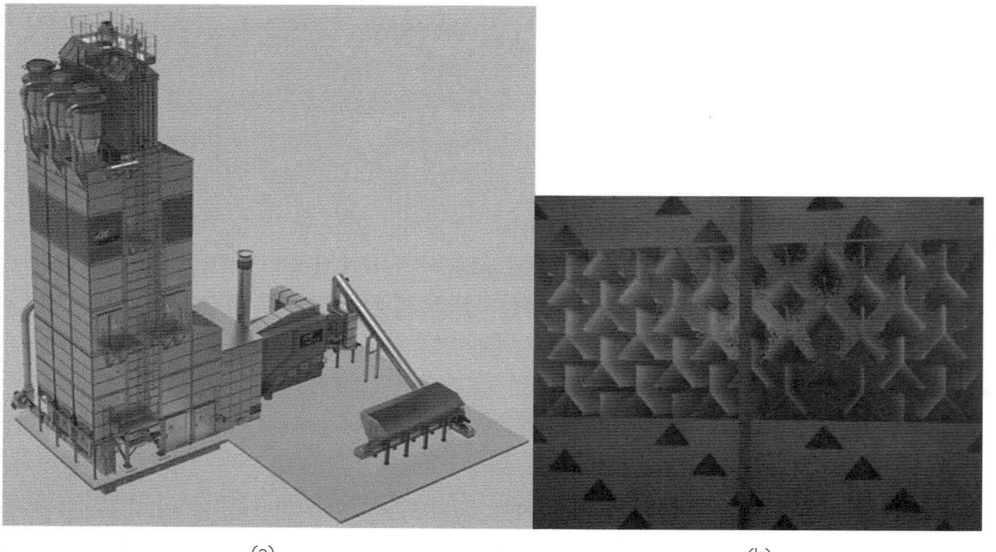

(a) (b)

Figura 7.20 Secador contínuo e torre de secagem com cavaletes.
Fonte: (a) Kepler Weber, apud Revista Rural (2021).

Para adequação às normas de segurança vigentes, é possível instalar conjuntos de escadas e plataformas de acesso externo e interno, que facilitam a limpeza e a manutenção do equipamento.

7.8 MANUTENÇÃO DE ARMAZÉNS E SILOS ARMAZENADORES

A manutenção de armazéns graneleiros de fundo plano é aquela realizada em qualquer estrutura de construção civil, como limpeza, pintura, consertos em telhados, calhas pluviais e locais onde possa haver infiltração, controle das telas para se evitar entrada de pássaros e outras pragas, verificação da fiação elétrica, manutenção dos estrados sobre os quais são colocadas as sacarias e troca de lâmpadas.

A manutenção de armazéns graneleiros de fundo em V, usados para produto a granel, também requer limpeza, sendo estas manutenções típicas de obras civis, como no caso anterior, bem como: a limpeza de dutos e canais de aeração, de ventiladores/exaustores, dos espalhadores de grãos, das correias transportadoras, carro *tripper*, cabos de termometria e outros sistemas como o controle de nível de altura da massa de grãos, registros de carga e descarga (túneis) e das instalações elétricas e iluminação.

(a) (b)

Figura 7.21 Armazém com fundo em V e silos metálicos.
Fontes: a) Márquez (2018); b) Casp *apud* Campo & Negócios (2015).

A manutenção de silos armazenadores contempla: a limpeza das paredes e do piso de chapa perfurada para desobstruí-la, após cada safra ou troca de produto; a verificação de necessidade de reformas do corpo (chapas laterais e montantes) e do telhado, devido à corrosão do metal; a manutenção da rosca varredora e de todos os tubos e sistema de aeração, de equipamentos de carga e de descarga. Também contempla a realização de uma limpeza rigorosa nos ventiladores, a verificação do sistema elétrico (fiação, conectores, fusíveis ou sistema de proteção), a ligação dos polos correta, para se ter certeza que o sentido da rotação dos ventiladores está correto; a verificação de rolamentos, tensão das correias; a fixação dos ventiladores, a vedação dos dutos e das junções do silo; além da limpeza em torno das entradas de ar dos ventiladores.

As manutenções na cobertura visam a identificar pontos de infiltração, reparando as goteiras para não deixar que a água da chuva contamine a massa de grãos, o que causaria seu aquecimento, mofos e proliferação de insetos, com dano irreversível da qualidade.

Em silos ou armazéns que possuam descarga dentro de túneis, estes locais devem ser constantemente limpos e vistoriados quanto à ocorrência de infiltrações e sistema de drenagem, caso fiquem abaixo do lençol freático. A umidade, em contato com os restos de grãos, faz o material fermentar e emitir gases que poderão ser prejudiciais às pessoas que ali trabalham, além da falta de higiene que causa.

A limpeza dos silos consiste na varrição interna do telhado, chapas laterais, canais de aeração, montantes etc., podendo ser lavado com água e depois pulverizado com inseticida. Não é adequado usar ar comprimido para limpeza, pois poderá levantar grande quantidade de partículas, que ficarão em suspensão, podendo afetar a saúde dos trabalhadores e até causar explosões.

Os silos devem ser construídos com os montantes na parte externa para diminuir a contaminação pelo depósito de pó e sujidades, as quais devem ser queimadas, após a varredura. Deve-se sempre observar as normas de segurança para trabalhos em altura (NR-35), espaços confinados (NR-33) e utilizar os EPI adequados quando trabalhar nestas estruturas.

A corrosão dos metais, seja dos telhados dos armazéns ou do corpo e telhado dos silos, pode afetar a sua estrutura, alterando a resistência e a vida útil do silo. A corrosão é um processo químico induzido pela exposição das chapas de aço galvanizado ou de zinco a um ambiente úmido e exposto ao ar.

A prevenção da corrosão é feita pela exaustão do ar úmido e quente (exalado pela massa de grãos) do interior do silo; caso contrário, poderá ocorrer o umedecimento das chapas pela condensação, com eventual gotejamento. Isso acelerará o processo de corrosão.

Para se evitar essa massa de ar úmido e quente no topo da massa de grãos, devem ser instalados exaustores na cobertura da estrutura armazenadora. Alguns tipos de exaustores também promovem a iluminação natural, o que facilita as inspeções e diminui os custos com energia elétrica. Também ajuda a diminuir o aquecimento do ar interno pintar a parte externa dessas estruturas armazenadoras de branco com tinta térmica reflexiva, que reflete a maioria da radiação solar. Essa pintura também deve receber manutenção constante para manter seu poder reflexivo, inclusive sendo limpa para remoção de poeira e limo.

Ter uma barreira natural com plantio de árvores, a uma distância segura do local de armazenamento, pode reduzir a incidência de radiação solar, em especial no lado oeste, mas essas árvores poderão abrigar insetos, roedores, pássaros, que são considerados pragas aos grãos.

Outra medida seria instalar isolamento térmico no interior da cobertura e nas paredes externas de silos e armazéns graneleiros; porém, esta tem custo elevado e justifica-se apenas quando o produto armazenado tem alto valor agregado, como sementes, e em locais onde as outras intervenções não são suficientes.

Em silos de concreto, devem ser observados o estado de conservação do material, fissuras, rachaduras, partes da ferragem expostas, os quais podem ocasionar fragilidade da estrutura por corrosão e devem ser prontamente consertados, a fim de se evitarem estes problemas futuros.

Outro item que deve ter manutenção constante é o sistema de sinalização e demarcação das áreas de risco, dos pontos críticos para acidentes, rotas de fuga e demais elementos relacionados à engenharia de segurança do trabalho e manutenção da saúde dos trabalhadores.

7.9 MANUTENÇÃO DE MOEGAS E BASES DE MÁQUINAS

As moegas, se forem metálicas, requerem os mesmos cuidados das chapas metálicas comentados no Item anterior; e, se forem de concreto, também, os mesmos cuidados que os silos de concreto, bem como inspeções periódicas para verificar possíveis rachaduras que possam permitir infiltrações, especialmente em caso de moega enterrada, que requer impermeabilização.

O desgaste nas paredes da moega de concreto pode afetar o escoamento da massa de grãos ou reter grãos e pragas nestas reentrâncias.

A grade localizada na parte superior da moega, em geral metálica, também deve ter os cuidados de manutenção quanto a quebras, corrosão, desgaste e aberturas, que possam colocar as pessoas em risco, ou queda de objetos ou pontos que retenham produto e pó.

Se for utilizado um tombador para descarga, o sistema hidráulico deve sofrer manutenções periódicas, bem como as travas de segurança que prendem o caminhão, as quais possuem sensores que impedem a elevação da plataforma se as rodas não estiverem travadas.

O tombador eleva a carga para que o tempo de descarga dos grãos na moega fique entre dois e quatro minutos e é acionado em um quadro por meio da eletricidade ou à distância por um sistema de botoeira; portanto, essa manutenção é de caráter elétrico/eletrônico.

(a) (b) (c)

Figura 7.22 a) moega; b) sistema tombador de descarga; c) base de concreto para ventilador.
Fontes: a) b) Corpo de Bombeiros PR-NPT027-11 (2020); c) Prado Silos (2023).

Todos os componentes para funcionamento do tombador precisam de manutenção e monitoramento, como: central do óleo, que abastece os cilindros hidráulicos; central de comando; motor e bomba; válvulas direcionais e de pressão. Esses elementos podem ser controlados por manômetro de pressão, transmissor de pressão, sensor de temperatura e do nível do óleo; mangueiras e conexões e cilindros hidráulicos da plataforma e de freio.

As bases que sustentam máquinas podem ser construídas em estruturas metálicas ou em concreto. As de estrutura metálica requerem manutenções de conservação e controles anticorrosão, e as de concreto, manutenções quanto às fissuras e exposição da armadura metálica para evitar alteração na sua capacidade de suportar cargas e vibrações das máquinas. Motores e ventiladores também são assentados sobre bases de concreto, e nelas esses equipamentos são aparafusados.

7.10 MANUTENÇÃO DE DESCASCADORES DE ARROZ

Os descascadores de arroz são equipamentos que separam a casca do grão integral por meio da fricção realizada por um par de rolos de borracha, que giram com velocidades diferentes e em sentido contrário para o meio deles, onde o fluxo de arroz passa.

(a) (b)

Figura 7.23 Descascador de arroz e roletes de borracha realizando a operação.
Fontes: a) Adaptada de Zaccaria (2023); b) Food Processing Techn. (2019).

O arroz possui uma casca muito abrasiva, por possuir elevado teor de sílica, o que desgasta os rolos de borracha, diminuindo a eficiência do processo, bem como pode causar rupturas.

A manutenção preventiva considera quantas horas pode durar cada par de rolos, e, na troca, sempre ajustar a pressão para mantê-los na distância adequada, bem como o sistema de alimentação da máquina. A pressão dos rolos, que regula a distância entre eles, e o controle do fluxo são dois elementos que, se mantidos dentro dos padrões especificados, causam o mínimo possível de quebra dos grãos e o máximo índice de descascamento.

A manutenção das demais peças da máquina seguem os mesmos padrões comentados anteriormente.

7.11 MANUTENÇÃO DE BRUNIDORES DE ARROZ

Os brunidores de arroz são equipamentos que removem as camadas externas do arroz (farelo), tornando-o mais branco. Podem ser verticais ou horizontais. Funcionam por fricção entre o arroz e uma pedra abrasiva instalada em uma câmara telada.

A manutenção consiste em limpeza periódica, substituição das borrachas dos breques, desobstrução da tela. A pedra gira em torno de um eixo, que deve sofrer manutenções, e ela pode ser danificada, necessitando ser substituída caso alguma pedra entre no equipamento junto com o arroz. Portanto, como medida de manutenção dessa pedra, deve ser instalado um equipamento comumente chamado de saca-pedras (mesa densimétrica) anteriormente ao brunidor no fluxo do arroz.

(a) (b) (c)

Figura 7.24 Brunidor vertical de arroz, pedra esmeril para o brunimento, peneira e breques de borracha.
Fontes: a) Satake (2020); b) Mercado Livre-RCZ, s.d.; c) Mercado Livre-RCZ, s.d.

CAPÍTULO 8
Manutenção de componentes acessórios

8.1 MANUTENÇÃO DE MOTORES ELÉTRICOS E DE OUTROS COMPONENTES ELÉTRICOS

Os motores elétricos são componentes de acionamento de diversas máquinas em UBG e UBS e também necessitam de cuidados de manutenção. As recomendações são:

- verificar a voltagem e usar estabilizador quando houver flutuações constantes na rede;
- verificar periodicamente os motores, assegurando-se que suas conexões estejam bem ajustadas;
- verificar se há poeira e sujeira periodicamente e removê-las se forem detectadas;
- colocar protetores em todas as correias para prevenir acidentes com as partes móveis;
- desligar a fonte principal de energia antes de fazer qualquer reparo;
- certificar-se de que todos os motores elétricos estão adequadamente isolados;
- verificar as instruções dos fabricantes para lubrificação apropriada dos eixos e polias;
- certificar-se de que toda a fiação seja instalada por eletricistas idôneos e de que esta suporte a carga necessária;
- verificar o nível de óleo nos motorredutores e fazer a troca ou preenchimento sempre que necessário.

Além dos motores, em uma Unidade de beneficiamento existem vários outros componentes elétricos que requerem manutenção.

As lâmpadas de iluminação devem ser planejadas por um projeto de luminotécnica, conforme a necessidade de cada local, e ser repostas por meio de um plano de manutenção. Grandes empresas fazem a troca de todas as lâmpadas baseada no seu tempo de vida útil, racionalizando recursos, mão de obra e planejando a compra somente no tempo necessário, e as UBG e UBS devem seguir essa metodologia. Uma troca programada não interferirá no andamento das atividades normais da Unidade, pois será realizada no melhor momento para tal.

Outros elementos que necessitam de manutenção periódica são os quadros de comandos, que possuem alimentação de energia elétrica, mas também funcionam com dispositivos eletrônicos, que devem passar por vistoria e manutenção periódica para garantir seu bom funcionamento.

Os bancos de capacitores devem ser inspecionados quanto ao consumo de energia elétrica. Se bem dimensionados os motores e o banco de capacitores, há redução do consumo de energia, que poderá ser bastante significativo.

Outros elementos que devem ser vistoriados constantemente são os cabos elétricos. Eles devem ser trocados ou reparados, pois podem se deteriorar; suas conexões podem afrouxar, ou eles podem ser roídos por pragas, possibilitando-se a ocorrência de curtos-circuitos e incêndios. Caso nova carga tenha sido acrescida à rede, os cabos devem ser redimensionados de acordo, para não superaquecerem.

O aterramento também deve ser verificado, tanto da rede elétrica como do sistema de para-raios.

Os transformadores devem ser vistoriados e ter seu nível de óleo completado, conforme a necessidade.

8.2 MANUTENÇÃO DE EIXOS

Os motores elétricos através de eixos transmitem a rotação e, consequentemente, a potência, e, com isso, acionam os elementos das máquinas. Esses eixos também devem receber atenção quanto à sua manutenção, que consiste em:

- eliminar fatores que implicam desgaste prematuro devido a partículas estranhas no óleo, superaquecimento e efeitos secundários;
- lubrificar e manter alinhado o eixo em relação aos mancais e rolamentos;
- verificar se há folga e, caso necessário, ajustá-lo se a folga for maior que a tolerância especificada pelo fabricante ou comprometer o funcionamento adequado do equipamento.

8.3 MANUTENÇÃO DE ROLAMENTOS E MANCAIS

Os rolamentos são um dos elementos mais importantes das máquinas. São projetados para trabalhar com o movimento relativo controlado entre duas ou mais partes. Seu uso evita que haja fricção de deslizamento entre as superfícies do eixo e do mancal durante o rolamento (Figuras 8.1 e 8.2).

Normalmente, são metálicos, em forma cilíndrica, compostos por vários subelementos, e em formato de anel; e sendo o espaço central acoplado a um eixo. A principal função dos suportes é sustentar (apoiar) um sistema de transmissão de torque, suportando esforços simples ou combinados.

Os mancais são dispositivos utilizados para apoiar eixos e podem ser de dois tipos: de deslizamento ou de rolamento. O anel externo do rolamento é fixado no mancal, e o anel interno, no eixo.

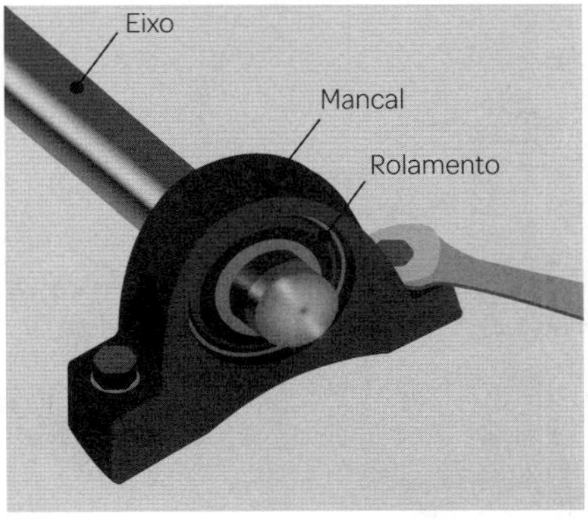

Figura 8.1 Mancal com eixo acoplado.
Fonte: Adaptada de Soluções Industriais (2017).

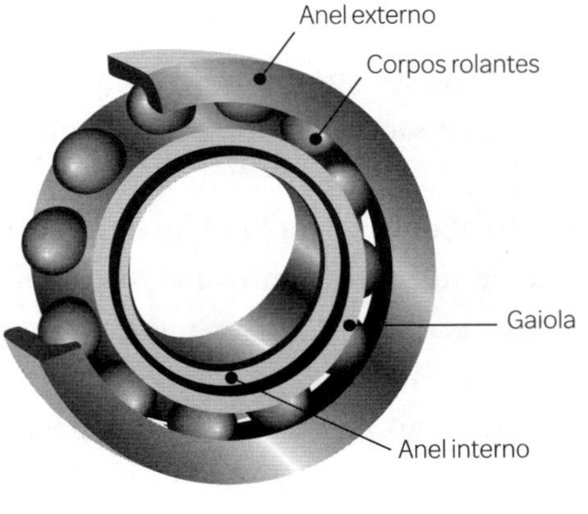

Figura 8.2 Rolamento e suas partes.
Fonte: Adaptada de Abecom (2023).

O mancal com rolamento é uma peça mecânica que consiste em duas metades, geralmente feitas de ferro fundido, que se encaixam para formar um alojamento para o rolamento. O rolamento é um componente que suporta o eixo e permite que ele gire com o mínimo de atrito. São compostos de anéis interno e externo, corpos rolantes e gaiola ou separador.

A análise dos equipamentos e de seus componentes é necessária para verificar se há a necessidade de manutenção e de lubrificação, para que haja um aumento da sua vida útil; e com isso também se evitam paradas inesperadas, as quais causam aumento dos custos de produção.

O mancal de deslizamento possui uma bucha de material macio entre a sua base e o eixo, e é utilizado para baixas rotações. O mancal de rolamento é adequado para maiores rotações.

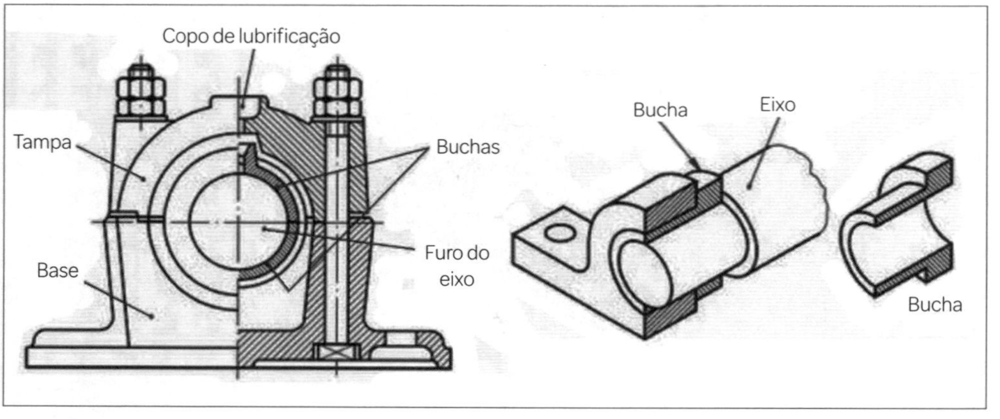

Figura 8.3 Mancal de deslizamento.
Fonte: Wolf *et al.* (201x).

Alguns fabricantes recomendam que a lubrificação dos mancais seja feita mensalmente e com graxa à base de sabão de lítio. Mais detalhes sobre lubrificação estão no Capítulo 9.

Os eixos são apoiados em mancais para funcionarem de forma alinhada e envoltos em rolamentos, a fim de se facilitar seu movimento giratório. Tanto os rolamentos quanto os mancais devem sofrer manutenções, que consistem em:

- manter as graxeiras cheias com graxa especificada pelo fabricante, pois a principal manutenção de um rolamento é a sua lubrificação;
- verificar ruídos anormais no funcionamento;

- verificar se há folga entre o eixo e o mancal, e, caso necessário, ajustar a folga, se for acima da tolerância especificada pelo fabricante;
- verificar, em mancais lubrificados a óleo, os furos de lubrificação, para que não estejam obstruídos; e completar o reservatório de óleo;
- manter as graxeiras cheias de graxa do tipo especificado pelo fabricante.

As graxas são utilizadas nos pontos: que não possuem vedação própria; sujeitos à contaminação constante; nos quais se necessite de uma vedação mais eficiente; de difícil acesso; nos quais se necessite de um lubrificante com grande poder de adesividade. Com isso, evitam-se níveis de óleo a serem mantidos, propicia-se maior período de relubrificação, desde que as graxas sejam aplicadas em quantidades corretas, sendo mais facilmente mantidas na caixa do mancal. O excesso de graxa causa escorrimento pelos mancais.

Existem vários tipos de rolamentos, como de esferas, roletes (rolos) e de agulhas (Figura 8.4). Esses rolamentos podem ser chamados de: a) abertos, quando não retêm totalmente a graxa lubrificante; b) vedados, quando possuem retentores de metal, plástico ou borracha; e c) blindados, com maior retenção de graxas, aumentando progressivamente sua vida útil e proporcionando menos ruído. Também podem ter contato em ângulo; podem ter uma ou duas carreiras de esferas, dentre outros tipos.

Os elementos girantes podem ser esferas, cilindros ou elementos cônicos.

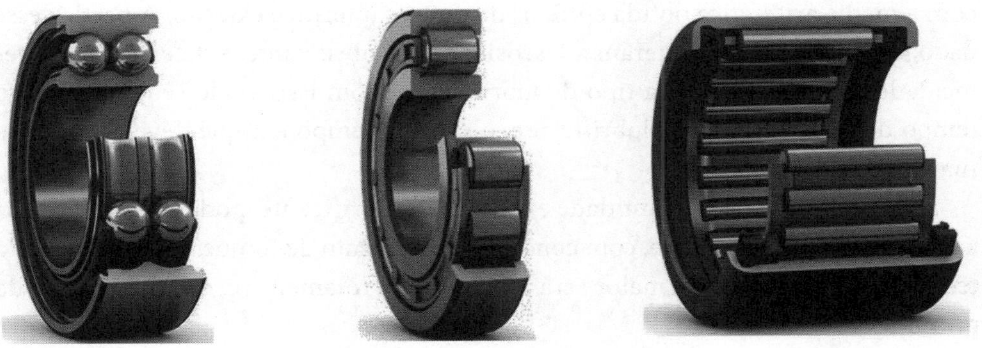

(a) (b) (c)

Figura 8.4 Alguns tipos de rolamentos: a) de esferas; b) de rolos; c) de agulhas.
Fonte: Wolf *et al.* (201x).

O maior percentual de falhas nos rolamentos é devido à lubrificação insuficiente ou excessiva. Deve ser selecionada a graxa adequada, prevenir as contaminações e fugas de graxa.

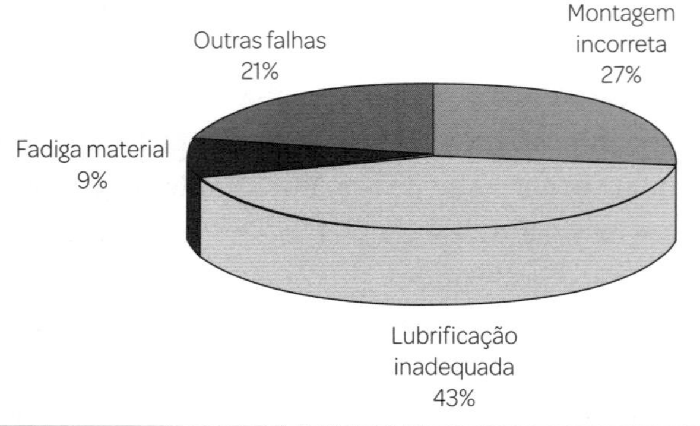

Figura 8.5 Falhas nos rolamentos.
Fonte: Teixeira (2004).

Os parâmetros mais importantes na seleção de um lubrificante para rolamentos são: a) temperatura de trabalho do rolamento; b) velocidade; c) se as cargas do rolamento são radiais, axiais, multidirecionais; d) condições do ambiente, como umidade, poeira, vibração, presença de agentes químicos, outros.

O fator de velocidade é calculado somando-se os RPM de rotação do rolamento com a média aritmética obtida entre os diâmetros interno e externo. A partir desse dado, em testes que consideram a viscosidade do lubrificante, é determinada a velocidade máxima para cada tipo de lubrificante. Com isso, pode-se determinar o tempo de duração daquele lubrificante, ou seja, o tempo em que deve haver nova manutenção.

Se for colocada uma quantidade excessiva de lubrificante, poder-se-á aumentar a temperatura do rolamento, com consequente aumento de torque. Quanto menor a temperatura de operação, maior será a vida útil do rolamento e, eventualmente, da graxa.

Para rolamentos que funcionam a baixas velocidades (até 30 RPM), deve-se preencher de 90 a 100% do espaço livre; para médias velocidades, preencher 30% e para altas velocidades, preencher 15%.

Existem cálculos precisos para se determinar o tempo para haver relubrificação. A quantidade de graxa para relubrificação periódica é calculada pela fórmula:

$$Q = 0{,}005 \times D \times B$$

Em que:
Q = quantidade de graxa (gramas)
D = diâmetro externo do rolamento (mm)
B = largura do rolamento (mm)

Quadro 8.1 Emprego de graxa ou óleo lubrificante em rolamentos e mancais

Usos de graxa	Usos de óleo
Baixas temperaturas	Altas temperaturas
Baixas velocidades	Altas velocidades
Proteção incomum requerida devido à entrada de material estranho	Vedações herméticas são empregadas prontamente
Busca por recintos simples de mancal	Tipo de mancal não apropriado para lubrificação por graxa
Busca por operação ininterrupta por longos períodos sem monitoramento	Mancal lubrificado por supridor central também usado para outras peças da máquina

Fonte: Shigley (2005).

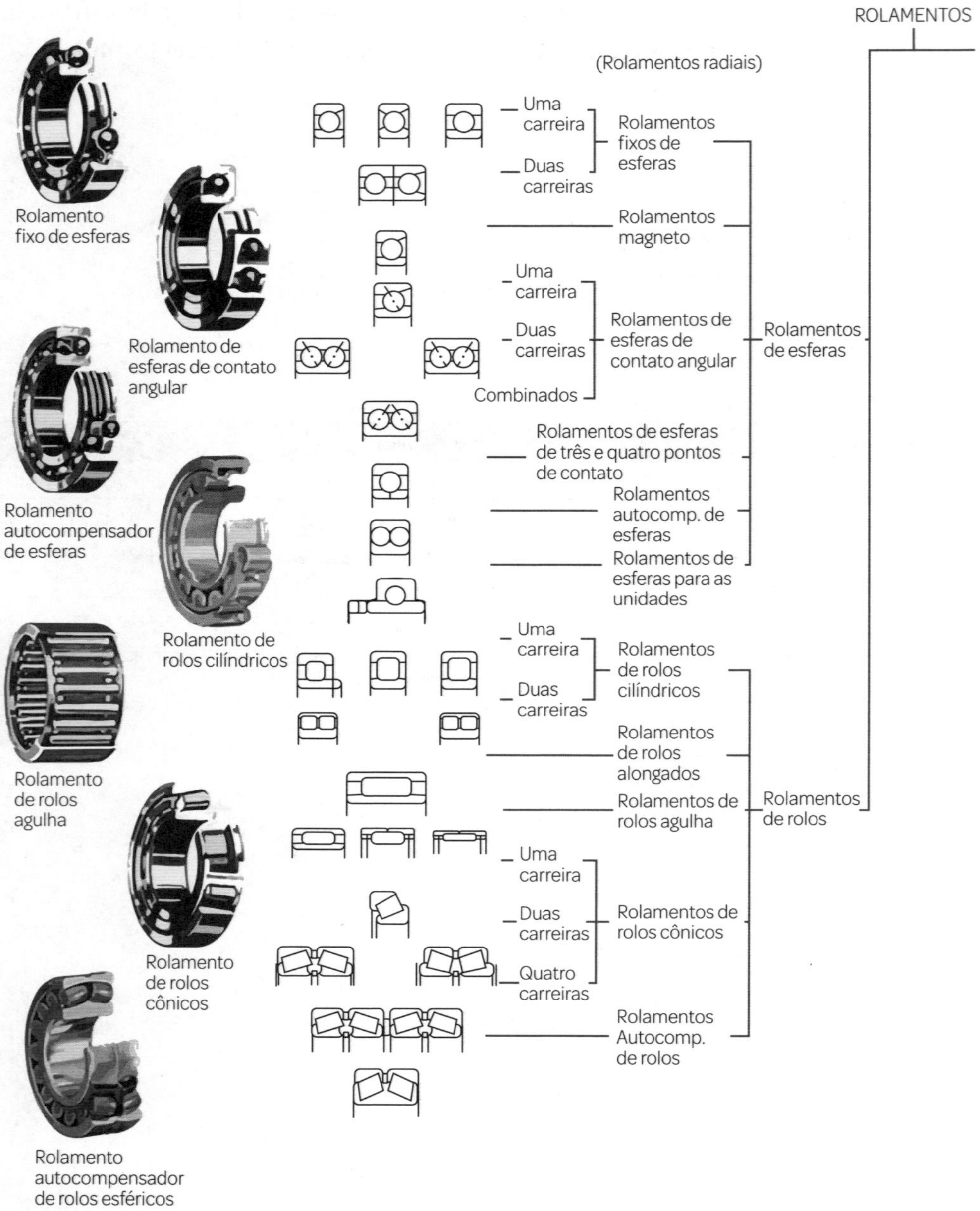

Figura 8.6 Classificação dos rolamentos.

Fonte: Adaptada de Rolamentos NSK, 2013.

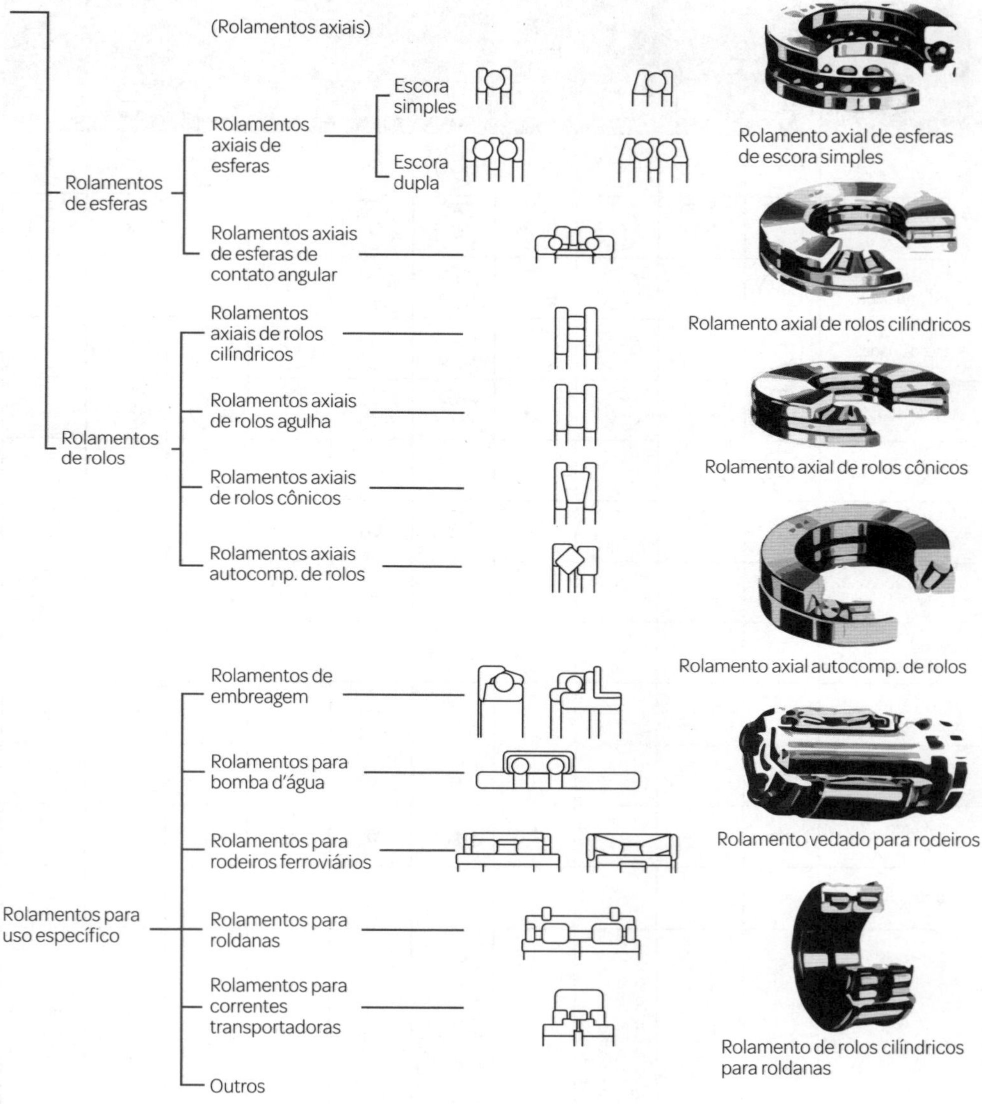
(Rolamentos axiais)
Rolamentos de esferas
Rolamentos axiais de esferas
Escora simples
Escora dupla
Rolamentos axiais de esferas de contato angular
Rolamentos de rolos
Rolamentos axiais de rolos cilíndricos
Rolamentos axiais de rolos agulha
Rolamentos axiais de rolos cônicos
Rolamentos axiais autocomp. de rolos
Rolamentos para uso específico
Rolamentos de embreagem
Rolamentos para bomba d'água
Rolamentos para rodeiros ferroviários
Rolamentos para roldanas
Rolamentos para correntes transportadoras
Outros
Rolamento axial de esferas de escora simples
Rolamento axial de rolos cilíndricos
Rolamento axial de rolos cônicos
Rolamento axial autocomp. de rolos
Rolamento vedado para rodeiros
Rolamento de rolos cilíndricos para roldanas

Características \ Tipos de rolamento		Fixos de uma carreira de esferas	Magneto	Uma carreira de esferas de contato angular	Duas carreiras de esferas de contato angular	Combinados	Esferas de quatro pontos de contato	Autocompensadores de esferas	Rolos cilíndricos	Duas carreiras de rolos cilíndricos	Rolos cilíndricos com rebordo em um lado
Capacidade de carga	Carga radial	◯	o	⊙	⊙	⊙	o	◯	⊙	◎	⊙
	Carga axial	↔ ◯	← o	← ⊙	↔ ⊙	↔ ⊙	↔ ⊙	↔ o	×	×	← ◯
	Carga combinada	◯	o	⊙	⊙	⊙	◎	o	×	×	◯
Alta velocidade		◎	⊙	◎	◯	⊙	⊙	⊙	◎	⊙	⊙
Alta precisão		◎		◎		◎	⊙		◎	◎	
Baixo torque e ruído		◎							⊙		
Rigidez						⊙	◎		⊙	◎	⊙
Desalinhamento permissível		⊙	o	o	o	o	o	◎	◯	o	◯
Ação de compensação								☆			
Separação dos anéis			☆				☆		☆	☆	☆
Rolamento lado fixo		☆			☆	☆	☆	☆			
Rolamento lado livre		★			★	★	★	★	☆	☆	
Furo cônico								☆		☆	
Observação			Usam-se duas peças contrapostas	Ângulo de contato de 15°, 25°, 30° e 40°. Duas peças contrapostas, a folga deve ser ajustada		Além desta existem as combinações DF e DT, mas não permitem o uso no lado livre	O ângulo de contato é de 35°		Inclui o tipo N	Inclui o tipo NNU	Inclui o tipo NF
Referência na página		B5 B31	B5 B28	B47	B47 B70	B47	B47 B72	B77	B85	B85 B110	B85

◎ Muito bom ⊙ Bom ◯ Regular o Precário × Inviável ← Somente em um sentido ↔ Dois sentidos

☆ Aplicável ★ Aplicável, porém deve permitir a dilatação ou contração do eixo na superfície de ajuste do rolamento

Figura 8.7 Tipos e características dos rolamentos.
Fonte: Adaptada de Rolamentos NSK (2013).

Rolos cilíndricos com anel de encosto	Rolos agulha	Rolos cônicos	Duas e múltiplas carreiras de rolos cônicos	Autocompensadores de rolos	Axiais de esferas	Axiais de esferas com contraplaca esférica	Duas carreiras de esferas de contato angular	Axiais de rolos cilíndricos	Axiais de rolos cônicos	Axiais autocompensadores de rolos	Referência na página
◎	◎	◎	⊚	⊚	×	×	×	×	×	○	–
↔ ◯	×	← ◎	↔ ◎	↔ ◯	← ◎	← ◎	↔ ◎	← ⊚	← ⊚	← ⊚	–
◯	×	◎	⊚	◎	×	×	×	×	×	○	–
◎	◎	◯	◯	◯	×	×	◯	○	○	○	A18 A37
		◎			◎		⊚				A19 A58 A81
											A19
◎	◎	◎	⊚				◎	⊚	⊚		A19 A96
◯	○	◯	○	⊚	×	⊚	×	×	×	⊚	A18 no preâmbulo de cada tipo
				☆		☆				☆	A18
☆	☆	☆	☆		☆	☆	☆	☆	☆	☆	A19 A20
☆			☆	☆							A20 A21
	☆		★	★							A20 a A27
				☆							A80 A118 A122
Inclui o tipo NUP		Usa-se duas peças contrapostas, a folga deve ser ajustada	Além desta, existem os tipos KH e KV, mas igualmente não permitem o uso no lado livre					Inclui os rolamentos axiais de agulha		Usados com lubrificação a óleo	
B85	–	B115	B115 B176 B299	B183	B207	B207	B235	B207 B224	–	B207 B228	

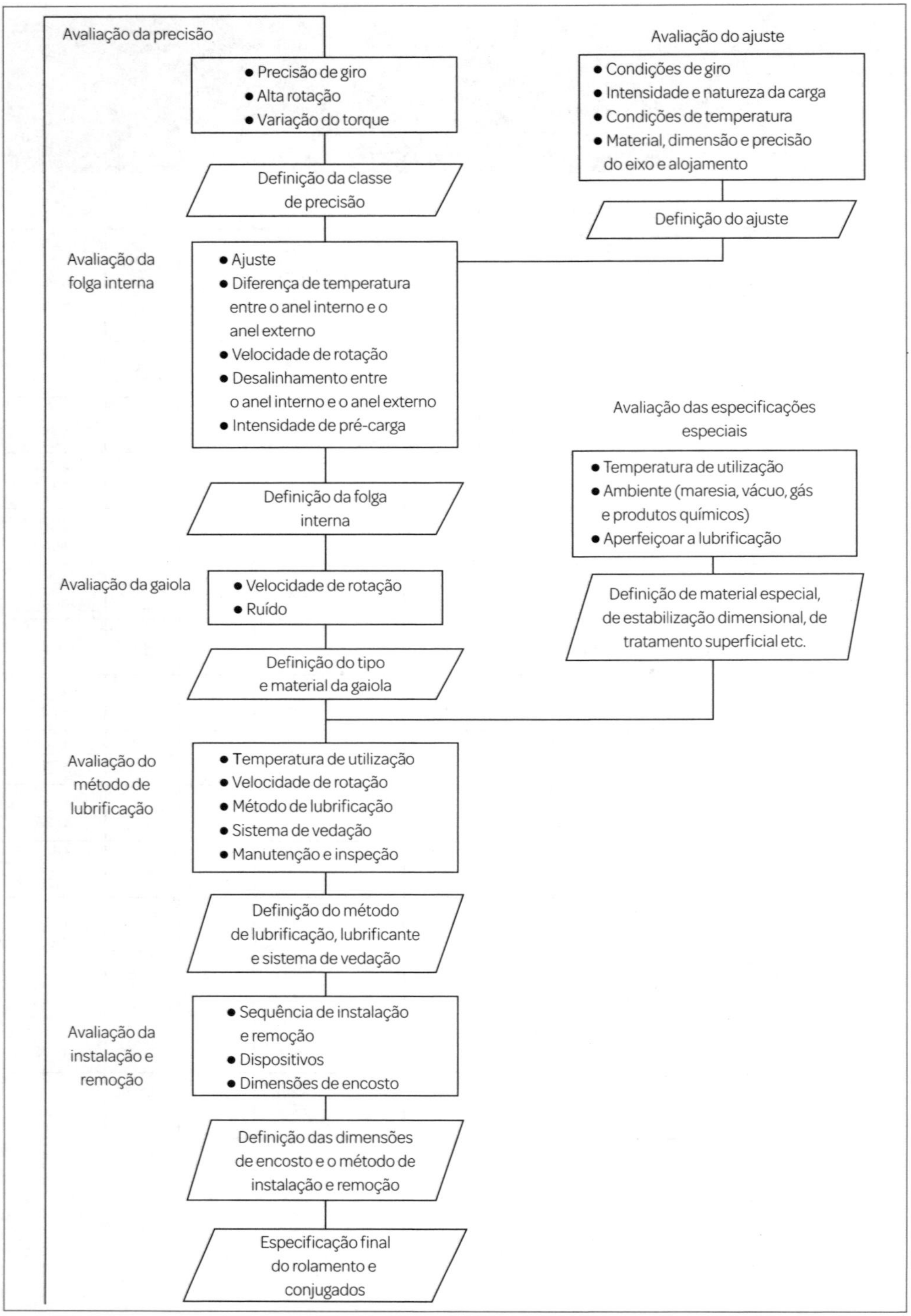

Figura 8.8 Processo de seleção do rolamento. (*continua*)

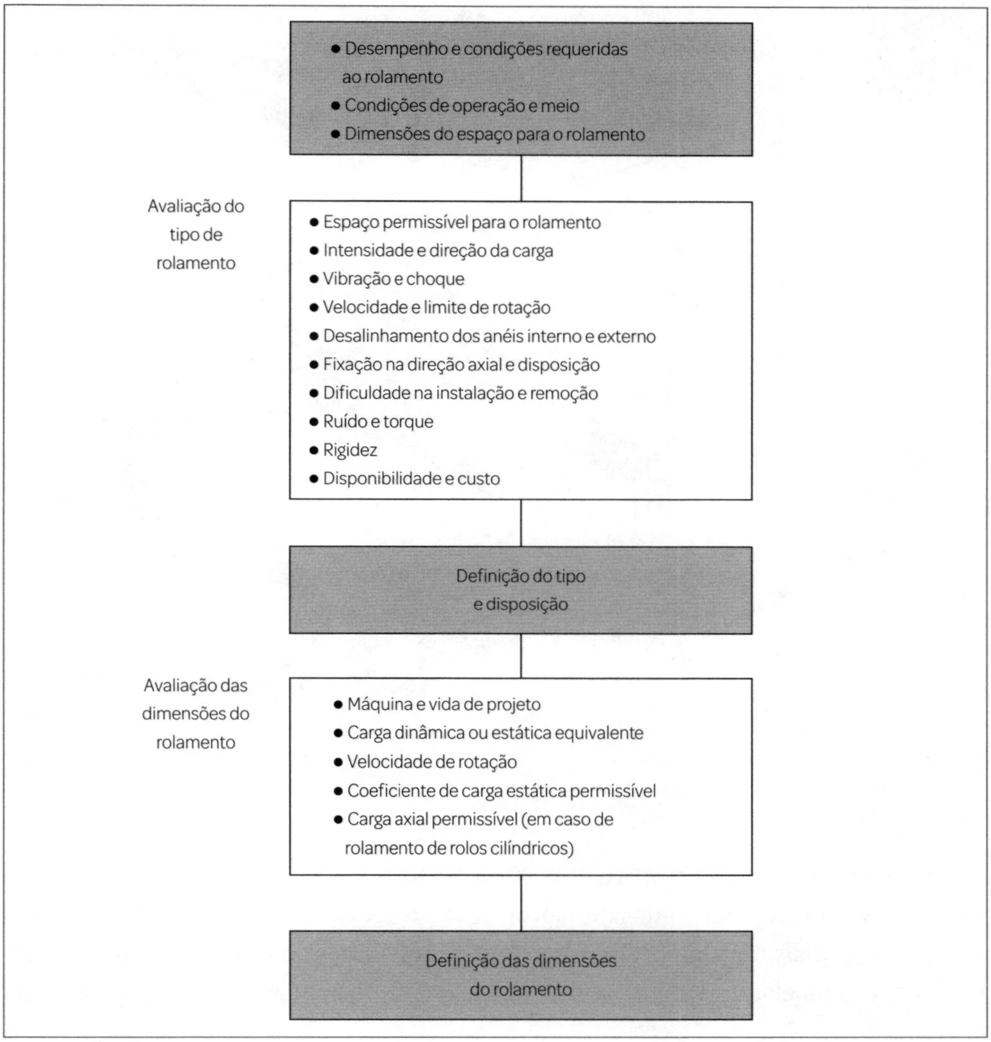

Figura 8.8 Processo de seleção do rolamento. (*continuação*)

Fonte: Adaptada de Rolamentos NSK (2013).

Figura 8.9 Exemplos de ferramentas hidráulicas utilizadas para lubrificação de rolamentos: a) bombas hidráulicas; b) injetores de óleo; c) fluido de montagem; d) porcas hidráulicas

Fonte: SKF (2024).

8.3.1 Tipos de carregamento dos rolamentos

Os rolamentos são classificados de acordo com a direção da carga que suportam. Eles podem ser radiais, que suportam cargas perpendiculares ao eixo; axiais, que suportam cargas paralelas ao eixo; ou combinados, que suportam ambos os tipos de carga.

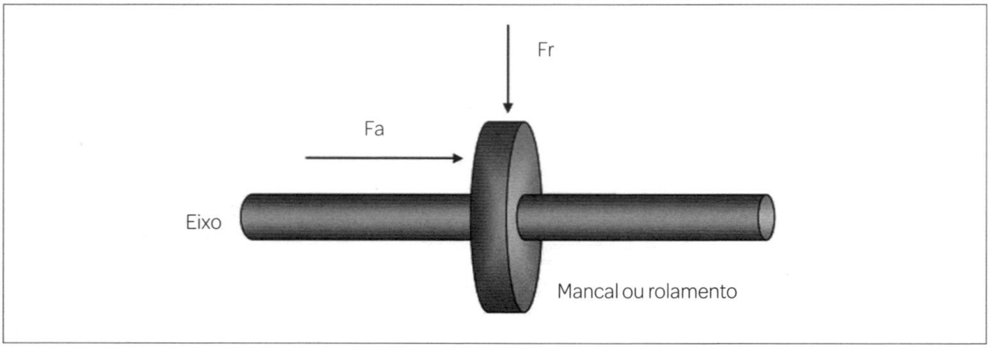

Figura 8.10 Tipos de cargas nos rolamentos.

Fonte: Adaptada de Andrade (2017).

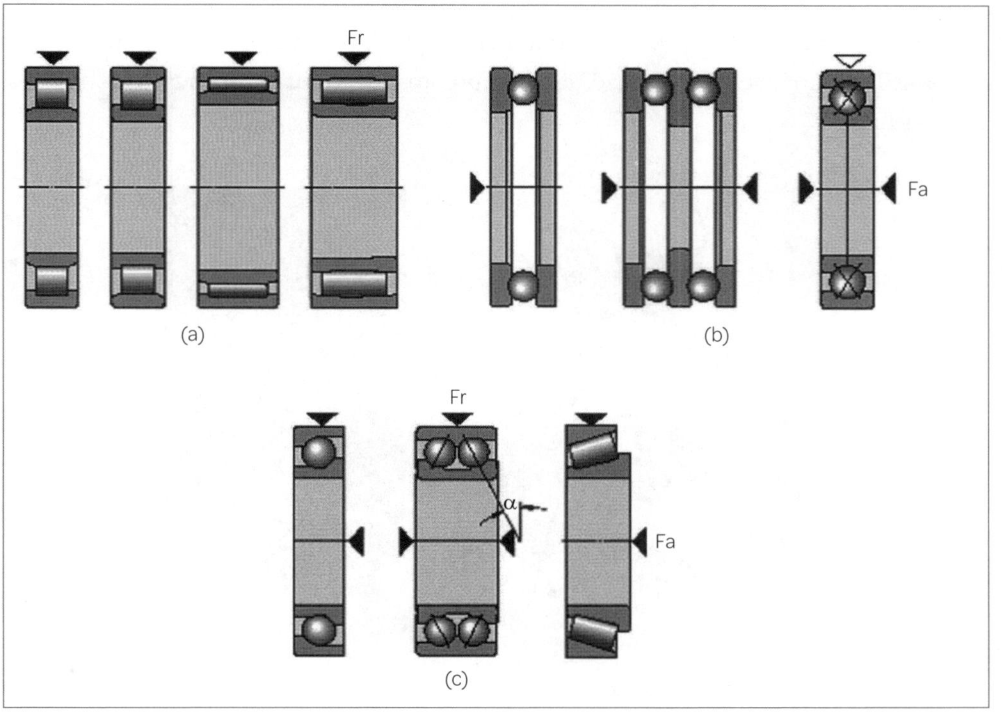

Figura 8.11 Carga: a) radial; b) axial; c) combinada.
Fonte: Andrade (2017).

8.3.2 Verificação do ruído nos rolamentos

Os principais indicativos de problemas nos rolamentos são excesso de vibração e de temperatura. Existem equipamentos para se medirem esses parâmetros. Se houver excesso de vibração, o mancal deve ser balanceado.

Um método empírico, utilizado quando não se dispõe de equipamento específico algum, consiste em colocar um bastão de madeira ou uma chave de fenda contra o alojamento do rolamento ou mancal, ficando o mais perto possível do rolamento. Em seguida, colocar o ouvido na outra extremidade e ouvir, como mostra a Figura 8.12a. Se o rolamento estiver funcionando bem, ouve-se um ruído suave. Se o rolamento estiver danificado, ouve-se um ruído com características irregulares, de peças soltas, batendo. Se o som for uniforme, porém, com ringido metálico, indica falta de lubrificação.

Para monitoramento e verificação da condição dos mancais de rolamento, pode-se utilizar análise de vibração, análise por inspeção termográfica e tecnologia ultrassônica.

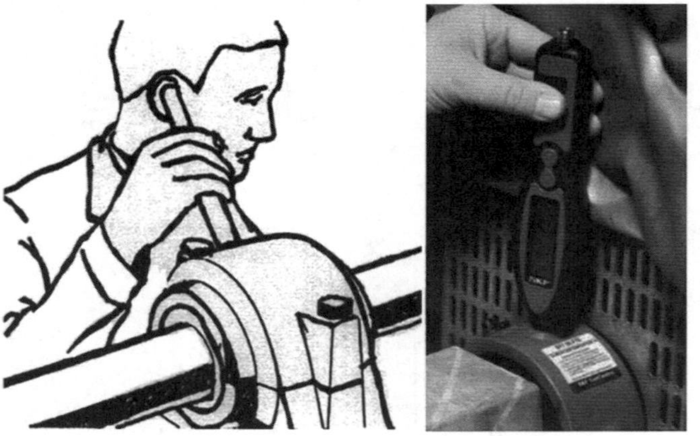

(a) (b)

Figura 8.12 Método empírico de verificação de ruído e medidor digital de ruído e de temperatura.
Fonte: a) Silva, s.d. apud Peres (2017); b) Abecom e SKF (2023).

8.3.3 Verificação da temperatura nos rolamentos

A elevação da temperatura do rolamento pode ser causada por diversos fatores, incluindo excesso ou falta de lubrificação, presença de sujeira, excesso de carga, folga interna muito pequena, desgaste, excesso de pressão nos retentores, calor proveniente de fontes externas, entre outros. A temperatura de rolamentos e mancais é um indicador de seu estado de uso. Ela pode ser determinada por termômetros digitais ou por giz sensitivo ao calor. O ultrassom também pode ser utilizado para detectar falhas mecânicas iniciais nesses componentes.

Os termômetros digitais são os métodos mais comuns para se medir a temperatura de rolamentos e mancais. Eles são precisos e fáceis de usar. O giz sensitivo ao calor é um método mais simples, mas pode ser menos preciso.

O ultrassom é um método não destrutivo que pode ser utilizado para detectar falhas mecânicas iniciais em rolamentos e mancais. Ele é capaz de detectar pequenas mudanças na estrutura do componente, que podem ser um sinal de falha.

A detecção precoce de falhas mecânicas em rolamentos e mancais é importante para evitar danos maiores aos equipamentos.

Métodos simples, quando não se dispõe de equipamentos como aqueles comentados no Capítulo 3 para verificar a temperatura de funcionamento de rolamentos, são por meio de um termômetro ou colocando-se a mão no mancal. Se a temperatura parece mais elevada que o normal ou com variações bruscas é um indicativo que algo errado está ocorrendo. Isso pode ocorrer por falta de lubrificação ou por impurezas que tenham penetrado no rolamento; pelo rolamento estar sobrecarregado ou por estar começando a danificar, por folga interna muito pequena.

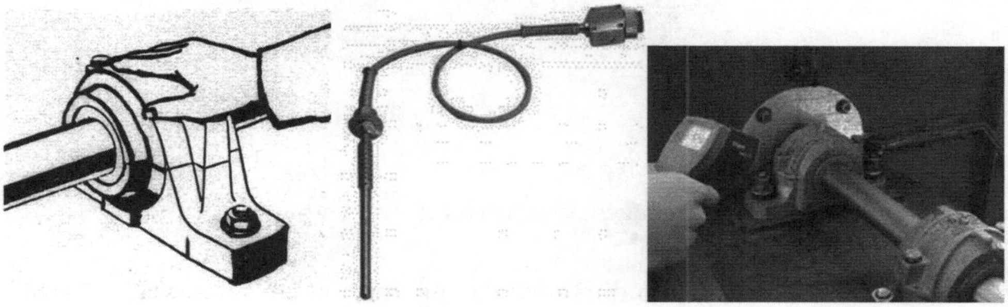

(a) (b) (c)

Figura 8.13 a) método empírico de verificação de temperatura elevada em mancal; b) sensor de temperatura; c) termômetro infravermelho.

Fontes: a) Silva, s.d., *apud* Peres (2017); b) Direct Industry (2023); c) Gomes (2020).

8.3.4 Manutenção de engrenagens

Engrenagens são peças mecânicas dentadas que funcionam aos pares, utilizadas para movimentar eixos rotativos de máquinas, motores etc. Existem muitos tipos de engrenagens, tanto no que diz respeito ao tamanho quanto à forma. Elas podem ser: simples ou circulares; cilíndricas helicoidais ou de dentes retos; cônicas de dentes retos ou helicoidais; hipoides ou coroa e pinhão; cremalheira, parafuso sem fim e coroa.

Figura 8.14 Diversos tipos de engrenagens.
Fonte: Peres (2017).

A manutenção das engrenagens consiste em:

- verificar o balanceamento dinâmico da engrenagem em relação ao eixo, bem como se há desgastes prematuros dos dentes ou empenamento destes, que provocam vibrações intensas no funcionamento;
- verificar se há falta de lubrificação no conjunto de engrenagens, pois isto pode causar superaquecimento;
- verificar se o conjunto de engrenagens apresenta ruídos como matraqueamento, tinido, chiado ou uivo, o que indica excesso de folga, ou, ainda, de dano no perfil dos dentes, e as engrenagens deverão ser substituídas ou reajustadas, se possível.

8.3.5 Manutenção de correias e polias

As correias são de vital importância para as máquinas. Quando mal aplicadas, frouxas, provocam perda de velocidade e de eficiência da máquina; quando esticadas demais, há quebra dos eixos ou desgastes excessivos dos rolamentos ou mancais, além do seu próprio desgaste acelerado.

Nas UBG e UBS, as correias são bastante utilizadas, por exemplo, nos elevadores de grãos, quando nelas são fixadas as canecas que elevam o produto; nas fitas ou correias transportadoras, quando sobre elas o produto é transportado; nas conexões dos motores com as peças móveis das máquinas. Portanto, elas são extensivamente utilizadas nas Unidades beneficiadoras de grãos e sementes.

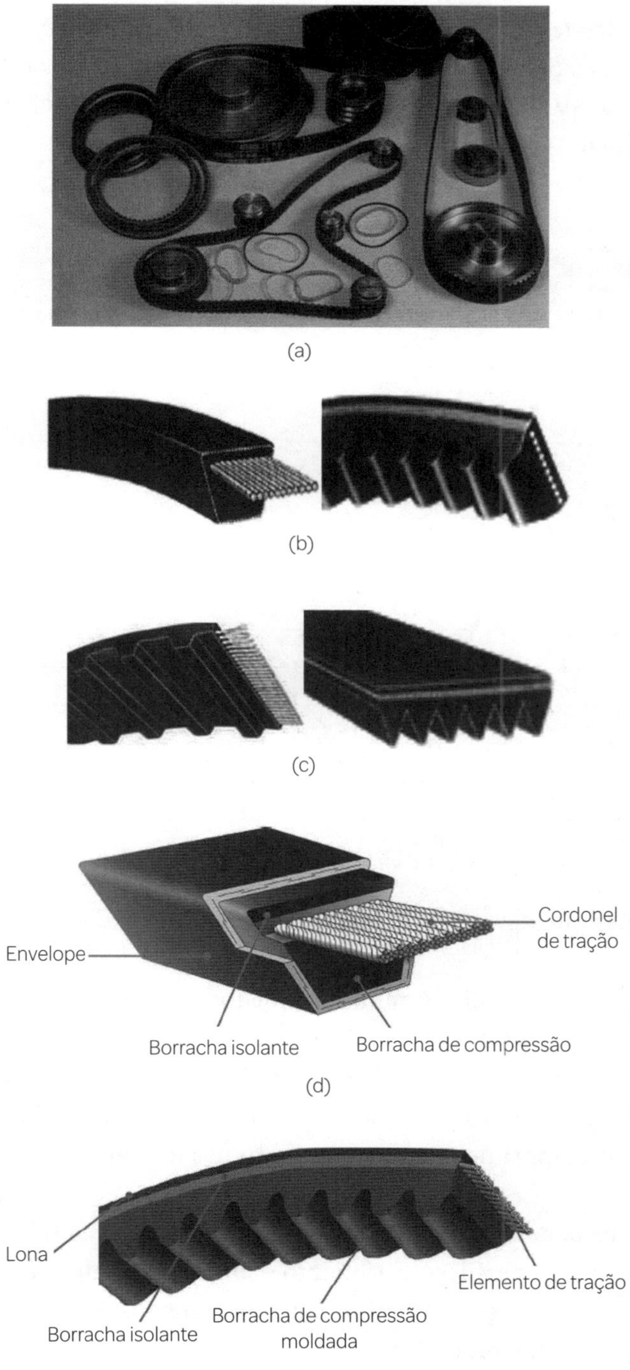

Figura 8.15 Polias e correias de diferentes tipos.
Fontes: a) b) c) Peres (2017); d) e) Adaptada de Grupo NS (2020).

As correias clássicas são dos tipos A, B, C, D, E e Z ou AX, BX, CX e ZX, com as mesmas dimensões dos tipos A, B, C e Z. As correias dos tipos estreito e métrico são: 3V/3VX, 5V/5VX, 8V, SPZ/XPZ, SPZ/XPA, SPB/XPB, SPC, cujas dimensões são apresentadas na Tabela 8.1.

Tabela 8.1 Tipos de correias e suas especificações

Tipo	NORMA RMA		NORMA ISO/DIN	
	Largura superior (pol)	Altura (pol)	Largura superior (mm)	Altura (mm)
A	1/2	5/16	13,0	8,0
B	21/32	13/32	16,5	11,0
C	7/8	17/32	22,0	14,0
D	1 ¼	3/4	31,5	19,0
E	1 ½	29/32	38,0	24,0
Z	-	-	10,0	6,0
3V	3/8	21/64	9,7	8,0
5V	5/8	36/64	16,3	13,0
8V	1	7/8	25,4	23,0
SPA	-	-	12,7	10,0
SPB	-	-	16,3	13,0
SPC	-	-	22,0	18,0
SPZ	-	-	9,7	8,0

Fonte: Adaptada de Grupo NS (2020).

As precauções que devem ser tomadas na substituição das correias são:

- nunca trocar uma correia só num jogo. Se uma se partir ou for danificada, todas devem ser trocadas;
- nunca misturar, em um jogo, correias de várias marcas diferentes;
- indicar no pedido de compra que se trata de jogo que trabalhará em paralelo;
- conferir se os comprimentos se enquadram nas tolerâncias especificadas.

No que diz respeito à folga ou tolerância das correias, os fabricantes especificam, para cada tipo de perfil, comprimento e folga de trabalho necessários.

Para uma boa eficiência e durabilidade, as transmissões por correias devem obedecer às seguintes recomendações:

- as polias acionadas e acionadoras devem estar perfeitamente alinhadas e seus eixos paralelos;

- o esticador deve ter um curso suficiente para que as correias possam ser colocadas sem forçá-las;
- os canais das polias devem ser livres de rebarbas, porosidades e outros defeitos;
- os canais da polia devem estar isentos de impurezas, especialmente lubrificantes, tanto na hora da primeira colocação como durante o serviço;
- todas as correias do jogo devem se enquadrar nas tolerâncias de comprimento e ter a mesma procedência e a mesma data de aquisição. Se uma delas tiver comprimento ou receber tensões diferentes, poderá torcer ou pular fora de sua canaleta;
- a máquina deve ser ajustada de acordo com seu manual;
- as polias planas que trabalham numa transmissão por correias V não devem ter abaulamento ou coroamento.

Os danos típicos de uma correia acontecem quando ela:

- **deteriora-se ou torna-se pastosa:** acontece geralmente pelo contato da correia com óleo lubrificante ou solúvel. Recomenda-se proteger a correia ou, se o contato for inevitável, usar óleo com inibidores;
- **há desgaste excessivo das laterais:** é o caso de correia frouxa ou sobrecarregada;
- **há ruptura nas laterais:** acontece pelo desalinhamento das polias ou pelo ângulo errado dos canais, ou por dimensões desproporcionais das mesmas;
- **há rachadura na base:** devido ao ressecamento, por armazenamento por longos períodos ou temperatura excessiva;
- **há deterioração da base:** é o caso do desgaste excessivo dos canais. A correia está apoiada na base e patina, queimando-se aos poucos. Deve-se trocar a polia;
- **há distorção da correia ou ruptura dos cordéis:** pode ser devido à colocação da correia sem o afrouxamento do esticador; força-se a correia sobre a quina do canal. Também pode ser causado por uma correia frouxa que se torce até quebrar os cordéis;
- **há ruptura:** a ruptura de uma correia velha é, geralmente, causada por fadiga ou desgaste excessivo; já a ruptura de uma correia nova é, geralmente, causada por sobrecarga ou excesso de tensão. Em ambos os casos, é importante corrigir a causa da ruptura para evitar problemas futuros.

As causas podem ser devidas:

- à fadiga causada pelo estresse repetido ao qual a correia é submetida ao longo do tempo;

- ao desgaste excessivo causado pelo atrito entre a correia e as polias;
- à sobrecarga que ocorre quando a correia é solicitada a transmitir mais potência do que é capaz;
- ao excesso de tensão imposto à correia.

A correção da causa da ruptura pode incluir:

- a substituição da correia por uma nova;
- a lubrificação adequada da correia;
- o ajuste do tensionamento da correia;
- a redução da carga do sistema.

Deve-se verificar o balanceamento das polias, bem como o estado dos canais, que devem estar isentos de rebarbas ou impurezas, como ferrugem ou óleos.

8.3.6 Manutenção de correntes

As correntes, nas UBG e UBS, são utilizadas principalmente para fixar canecas de elevadores, e são os elementos de arraste dos redlers. Elas devem ser devidamente lubrificadas e tensionadas conforme especificação do fabricante da máquina.

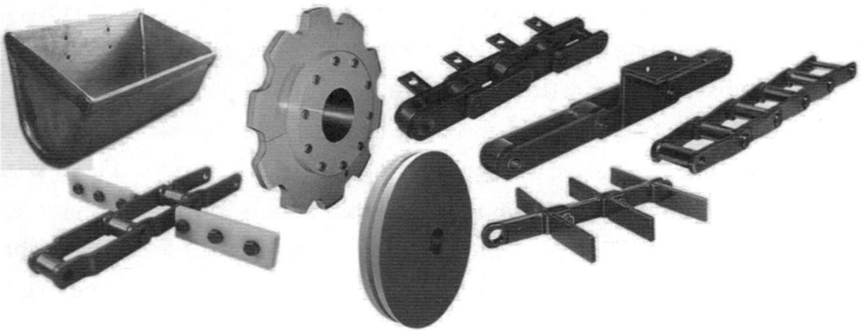

Figura 8.16 Componentes de elevadores e redlers.
Fonte: Adaptada de Tecnowood (2024).

As correntes podem apresentar os seguintes defeitos:

- **ruído excessivo:** ocasionado por desalinhamento e folga excessiva, falta de folga, má lubrificação, mancais soltos, desgaste excessivo da corrente ou das rodas dentadas ou ainda passo grande demais;

- **subida na roda dentada:** ocasionada pelo desgaste excessivo da correia ou da roda dentada;
- **chicoteamento ou vibração:** neste caso, deve-se procurar por folga excessiva, carga pulsante ou desgaste desigual do conjunto e corrigir a instalação com um tensor ou esticador para diminuir a folga e amortecer os pulsos provenientes da carga;
- **endurecimento da corrente:** aqui, deve-se procurar por desgaste ou gripamento por má lubrificação ou ainda corrosão (oxidação);
- **quebra de pinos e roletes:** deve-se procurar por choques violentos ou aplicação instantânea de carga, ou, ainda, velocidade excessiva; sanar os problemas e substituir a corrente;
- **aquecimento excessivo:** deve-se procurar por excesso de velocidade ou atrito contra obstruções ou paredes.

8.3.7 Manutenção de ventiladores

- Os ventiladores são máquinas que insuflam ou aspiram um fluido gasoso de maneira contínua, por ação aerodinâmica, transformando a energia mecânica em cinética. São escolhidos com vista a fornecer uma vazão de ar sob uma determinada pressão para secar e aerar grãos.
- Esses equipamentos insuflam o ar que atravessa a massa de grãos de forma contínua e por ação aerodinâmica. Os ventiladores se caracterizam pela sua vazão e pela sua pressão. Podem ser associados em série (maior pressão) ou em paralelo (maior vazão). Em relação à construção, os dois modelos mais conhecidos são: centrífugos e axiais.
- Os ventiladores centrífugos possuem um rotor que gira dentro de uma carcaça, chamada voluta. O fluxo do ar entra paralelamente ao eixo de rotação do rotor, sendo então, centrifugado para a carcaça em espiral e expulso ortogonalmente ao eixo de rotação do rotor, fornecendo altas vazões e altas pressões (Figura 8.17a-b).

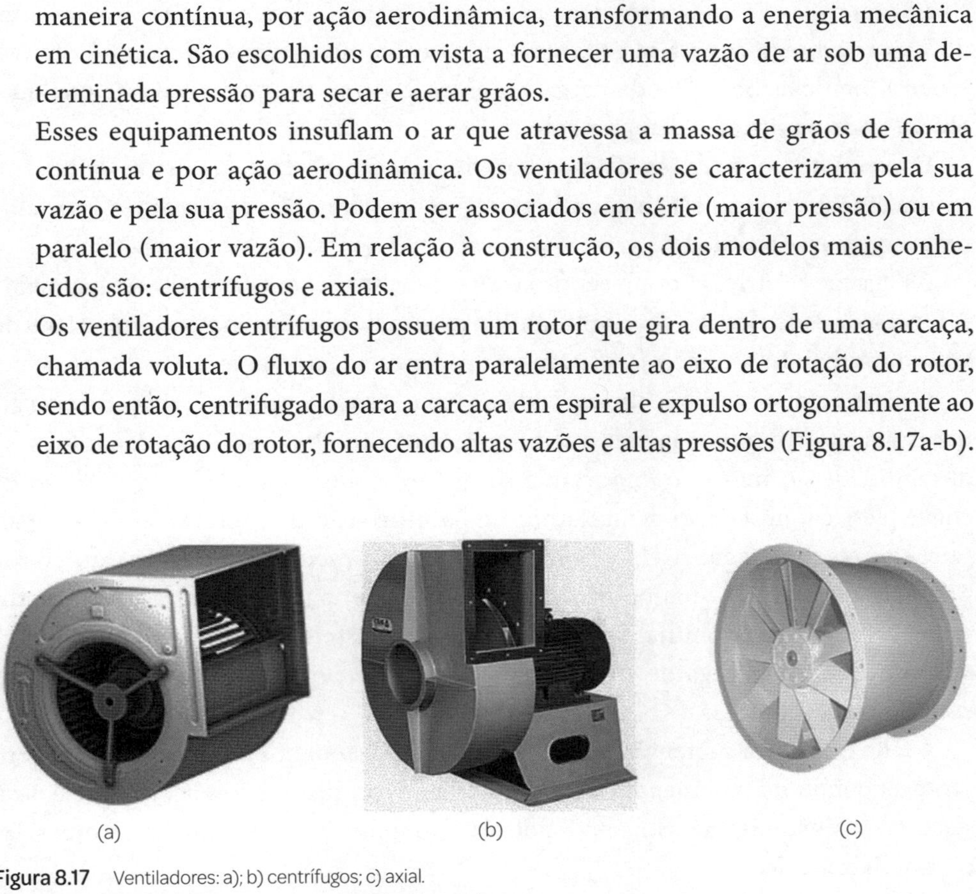

(a) (b) (c)

Figura 8.17 Ventiladores: a); b) centrífugos; c) axial.

Fonte: a), b) www.solucoesindustriais.com.br; c) www.solerpalau.com.br

- Os ventiladores axiais são constituídos de um rotor com pás, que giram dentro de uma carcaça em forma cilíndrica (Figura 8.17c). O fluxo de ar de entrada e saída é paralelo ao eixo de rotação das pás. Esse tipo de ventilador fornece altas vazões e médias pressões.

De posse da massa específica do produto e do seu teor de umidade, pode ser determinada a vazão do ventilador e a pressão necessária para que o ar passe pela massa de grãos. Conhecendo-se a vazão e a pressão, pode-se determinar a rotação necessária do ventilador e o seu rendimento.

Os ventiladores são peças rotativas que podem gerar vibrações. Para se evitar que essas vibrações sejam transmitidas para a estrutura, os ventiladores devem ser instalados com amortecedores, sobre uma base sólida de concreto armado. A base deve ter um peso mínimo igual a três vezes o peso do ventilador. Isso é necessário para absorver as frequências de vibração e evitar danos ao ventilador ou à estrutura. Ainda, o ventilador deve estar alinhado e nivelado em relação aos dutos.

Por questões de segurança das pessoas e do próprio equipamento, o ventilador deve ficar protegido, para se evitarem acidentes, como qualquer elemento rotativo, especialmente as bocas de descarga e a entrada de ar, pois a entrada de qualquer objeto pode danificar o equipamento.

Os ventiladores axiais podem causar vibração no sistema, e, para se evitar esse inconveniente, devem ser fixados diretamente na tubulação, com rigidez suficiente para suportar o ventilador.

As ligações elétricas devem ser projetadas para suportar a carga do equipamento. A tensão da rede elétrica deve ser mantida dentro dos limites máximos de ±10% do valor nominal. Isso é necessário para evitar danos ao equipamento.

O sistema de partida de um motor elétrico é responsável por fornecer a energia necessária para o motor iniciar o seu funcionamento. Para garantir a segurança e a durabilidade do motor, é importante se tomarem alguns cuidados na seleção da chave elétrica, no tempo de aceleração e na utilização de proteção contra curto-circuito e sobrecarga. A chave elétrica deve ser dimensionada de acordo com a potência do motor. O tempo de aceleração deve ser suficiente para que o motor atinja a velocidade nominal sem sobrecarregar o sistema. A proteção contra curto-circuito e sobrecarga deve ser adequada para se evitarem danos ao motor em caso de falhas elétricas.

A falta de fase e a subtensão podem, também, causar danos ao motor elétrico. Para proteger o motor, é recomendável instalar um relé contra essas condições. O relé deve ser dimensionado de acordo com a potência do motor e deve seguir as recomendações do fabricante.

Para evitar danos ao equipamento, os limites de temperatura e rotação nunca devem ser ultrapassados. Durante a operação do ventilador, como em qualquer equipamento em funcionamento, é importante não abrir nenhuma porta de inspeção, pois ela pode ser ejetada violentamente, causando acidentes e sérios danos.

Para se evitar uma partida acidental durante a manutenção do ventilador, deve-se instalar uma chave seccionadora de segurança.

A limpeza interna e externa deve ser realizada periodicamente para se removerem poeira, óleos e outros detritos. Outro tipo de manutenção é a pintura do equipamento, a fim de se evitar a corrosão. Se forem necessárias raspagens em rotores, deve-se ter o cuidado de evitar empenamentos devido ao excesso de pressão da ferramenta sobre as pás.

Por meio da análise de vibração durante o funcionamento do ventilador, observa-se a necessidade de manutenção corretiva em rolamentos, rebalanceamento do rotor ou polias, desalinhamento de eixo e correias defeituosas. A manutenção preditiva pode ser implantada por meio da análise sistemática de medições periódicas. Essas medições são realizadas nos mancais do ventilador, nas direções radial e axial. Os resultados das medições são usados para avaliar com antecedência a necessidade de qualquer troca ou reparo.

A norma ISO 14694 estabelece valores limites de vibração, conforme mostra a Tabela 8.2.

Tabela 8.2 Valores limites de vibração pela ISO 14694

Apoio rígido mm/s		Apoio sobre amortecedores mm/s	
Pico	r.m.s*	Pico	r.m.s
3,8	2,8	5,1	3,5

(*) r.m.s é a raiz média quadrática, medida prática da energia de vibração de um equipamento.

Fonte: Adaptada de Bernauer Ventiladores (2017).

Vibração excessiva ou fora da faixa adequada pode causar danos ao ventilador. Portanto, nessas condições, esse equipamento deve ser retirado de operação para se evitarem danos adicionais. O rotor, os rolamentos e as correias devem ser examinados a fim de se constatar a causa do problema. Em alguns casos, uma limpeza é a solução. Em caso de desgaste leve, o ventilador pode ser rebalanceado para se corrigir a vibração e evitar danos adicionais. Parafusos soltos podem ser causados por desgaste, vibração ou outros fatores. Se os parafusos estiverem soltos, eles devem ser reapertados. No entanto, é importante verificar se o problema persiste após o reaperto. Se o problema persistir, pode ser um sinal de uma causa mais séria. Se as vibrações são causadas por fluxo turbulento, o circuito de ar deve ser reavaliado aerodinamicamente.

Batidas ou amassamentos no rotor podem causar danos estruturais que não são visíveis a olho nu. Portanto, nesses casos, o desamassamento e o rebalanceamento podem não ser suficientes para corrigir o problema. Em alguns casos, pode até mesmo ser perigoso colocar o ventilador em operação novamente. Uma pá de rotor ao se soltar pode atingir a velocidade de uma bala de revólver. Rupturas de solda em pás e tampas são comuns, mas podem ser imperceptíveis à primeira vista.

O ruído de um ventilador é causado por diversos fatores, incluindo o projeto do ventilador, a vazão de ar, a pressão total e, principalmente, a eficiência. Ventiladores com projeto inadequado, vazão de ar excessiva ou pressão total alta produzem mais ruído. Ventiladores eficientes, por outro lado, produzem menos ruído. O ruído de um ventilador é minimizado quando ele está operando em eficiência máxima, que geralmente ocorre no centro de sua curva de desempenho, onde a vazão de ar e a pressão total são balanceadas. Se o ventilador modificar seu ponto de desempenho devido a filtros sujos, fechamento ou abertura de *dampers* etc., o nível de ruído poderá aumentar em até 13 dB. Em alguns casos, isso pode levar a um aumento insuportável do nível de ruído total. Além do ventilador, outros componentes do sistema de ventilação também podem ser fontes de ruído. Grelhas mal dimensionadas, curvas com raio pequeno, dutos leves sem reforços, fixação inadequada de dutos e ventiladores instalados diretamente na base podem gerar ruídos significativos.

A primeira troca de óleo deve ser feita após as primeiras 200 horas de uso. Com o tempo, o óleo absorve impurezas, como umidade, partículas de desgaste e poeira, tornando-se inadequado para a lubrificação. A oxidação do óleo pelo ar atmosférico é um dos principais fatores que reduzem suas propriedades lubrificantes. Essa oxidação forma uma camada de resíduos, conhecida como borra, que pode prejudicar o funcionamento do motor.

8.3.8 Manutenção de sistemas pneumáticos

Alguns equipamentos de uma UBG ou UBS possuem acionamento pneumático, como amostradores, transportadores, sistemas de descarga de secadores, de encharcadores da linha de parboilização de arroz e de outros equipamentos. Muitos deles são controlados por automação, por meio de um quadro de comando, no qual o operador controla as ações para funcionamento da linha produtiva.

Para manutenção do sistema pneumático, é necessário, antes de iniciar os procedimentos, verificar se a linha está desligada, isto é, sem pressão de ar e com as válvulas de bloqueio travadas, para impedir uma pressurização inesperada. Essa é uma questão de segurança, porque o movimento dos cilindros pode causar acidentes e danos no equipamento, bem como o movimento repentino das mangueiras pressurizadas pode exercer o efeito chicote e também causar acidentes e danos.

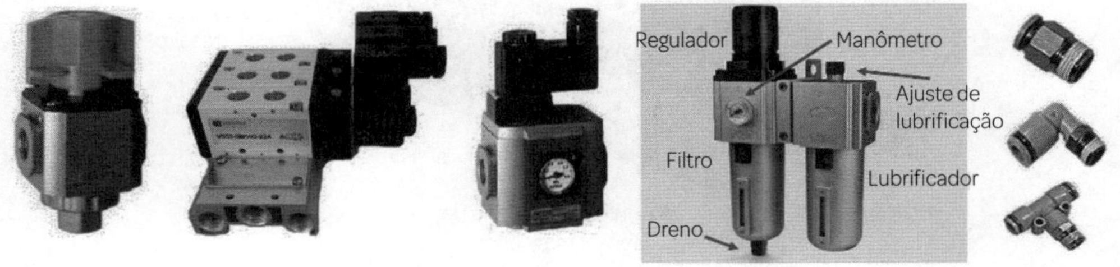

Figura 8.18 Exemplos de principais elementos do sistema pneumático: a) válvula de bloqueio; b) válvula pneumática; c) válvula de partida suave; d) filtro de ar comprimido; e) algumas conexões.
Observação: elementos fora de escala entre si.
Fonte: MTIBRasil (2023).

A manutenção inicial compreende a limpeza como regra geral, seguida de verificação de filtros, conexões das mangueiras, válvulas, peças soltas, quebradas; saber se as mangueiras estão intactas, ouvindo se há escapamento de ar, e se há pequenos vazamentos dos componentes para solucioná-los.

A má qualidade do ar comprimido, contaminado por sujidades, água e óleo, causa problemas nos sistemas pneumáticos. Essas contaminações provêm do compressor e das tubulações, e podem ser controladas com drenos, filtros, reguladores, os quais devem sofrer manutenção. Deve-se verificar se a entrada de ar para o filtro está limpa, se o copo de drenagem do filtro e o elemento filtrante estão em boas condições.

O cilindro pneumático é a peça de acionamento do sistema cuja manutenção poderá ser realizada em empresa especializada. Sua manutenção, então, requererá desmontagem do sistema e envio do cilindro, o que deverá ser feito em manutenções programadas. Havendo a falha, é mais rápido substituir o cilindro, se ocorrer durante a safra. As falhas mais comumente se relacionam com a má qualidade do ar e com o desalinhamento ou esforços do eixo do cilindro.

Para pressurizar novamente o sistema após a manutenção, deve-se acionar a válvula de partida suave. Os manômetros devem ser monitorados para se evitar sobrepressão no sistema.

A manutenção do compressor de ar requer troca de óleo, troca de filtro, manutenção na correia e de outros elementos de transmissão, de rolamentos, mancais etc. Anualmente, deve-se verificar a válvula de segurança e, a cada cinco anos, solicitar um teste hidrostático do reservatório de ar a um órgão competente.

(a)

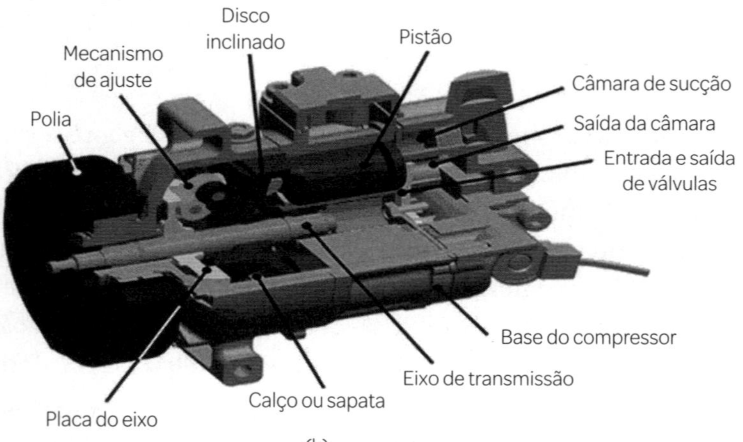

(b)

Figura 8.19 Exemplos de cilindro pneumático e compressor de ar.
Fontes: a) Master Tecnol. Industrial (2023); b) Citisystems – Silveira e Carmo (2017).

CAPÍTULO 9
Lubrificação

A principal função do lubrificante é minimizar o atrito provocado pelas partes que estão em contato no movimento. O filme ou a película do lubrificante ocupa a rugosidade dos materiais, evitando o contato direto entre as superfícies, diminuindo o atrito entre elas e, com isso, o seu desgaste, além de diminuir a força para colocar os elementos em movimento. Outras funções do lubrificante são: resfriar os elementos, inibindo superaquecimento do dispositivo; reduzir vibrações, que podem causar danos ao equipamento; proteger contra corrosão e impurezas; atuar em situações especiais como vedante e como isolante.

As principais características dos lubrificantes são:

- **adesividade:** é a propriedade de o óleo lubrificante permanecer aderido ao metal, em finas camadas, apesar da ação raspadora originada pelo movimento;
- **oleosidade:** é a propriedade que a camada (microscópica) de óleo aderida às asperezas do eixo tem de deslizar facilmente sobre a película do óleo aderida à superfície;
- **resistência da película:** é a resistência à ruptura que o óleo oferece às pressões exercidas nas diminutas pontas de contato das saliências; por exemplo, do eixo com as do mancal;
- **viscosidade:** é a propriedade do óleo que representa sua resistência ao escoamento. Se a viscosidade for pequena, o óleo se escoará com muita facilidade e

rapidez da folga do mancal ou do elemento onde foi aplicado; no entanto, se for grande, não se distribuirá prontamente sobre a superfície, e acarretará maior resistência ao movimento. A viscosidade é inversamente proporcional à temperatura; é medida com viscosímetros, e sua unidade básica é o Stoke ($cm^2.s^{-1}$);

- **consistência:** capacidade de resistir à deformação, medida com penetrômetro.
- **textura:** medida pelo tato – lisa, filamentosa, fibrosa etc.;
- **ponto de gota**: temperatura na qual a graxa passa para o estado líquido e ocorre a queda da primeira gota, indica a temperatura máxima até ocorrer a separação do óleo e identifica o tipo de graxa.

Algumas recomendações sobre lubrificação:

- deve ser feita com o equipamento desligado da energia elétrica;
- deve-se usar graxas à base de sabão de lítio ao se engraxarem correntes, mancais, esticadores e outros;
- deve-se remover o excesso da graxa antes de fazer a nova lubrificação caso se observar que ela está contaminada;
- utilizar graxas ou óleos lubrificantes com as características recomendadas pelo fabricante do equipamento;
- nunca utilizar óleos velhos, usados ou fora das especificações, porque podem danificar o equipamento.

Os ensaios de verificação das propriedades, da qualidade ou da maneira de uso dos lubrificantes são regidos pelas normas: NLGI (*National Lubricating Grease Institute*), ASTM (*American Society for Testing and Materials*), DIN (*Deutsches Institut für Normung* - Instituto Alemão para Normatização). Esse campo do conhecimento é conhecido como *tribologia*, que estuda a interação de superfícies em movimento relativo e assuntos e práticas relacionados, que inclui vários conhecimentos sobre o atrito, relacionados com a lubrificação.

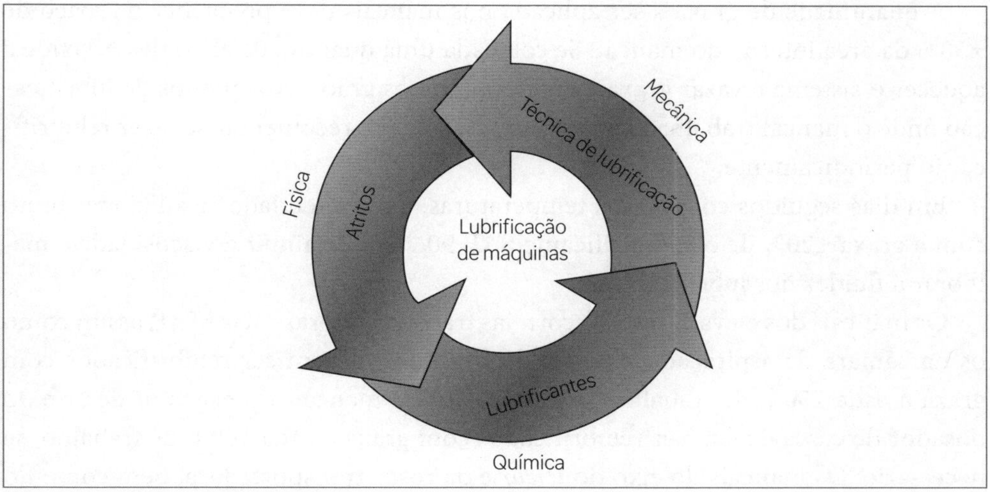

Figura 9.1 Ciências envolvidas na lubrificação.
Fonte: DropsA, s.d.

Os lubrificantes são óleos, graxas, pastas, emulsões, lubrificantes sólidos, semissólidos; alguns deles podem ter aditivos, espessantes e outros compostos. Os óleos podem ser minerais, sintéticos ou mistos. Os aditivos têm diversas funções, como antioxidante, otimizador do índice de viscosidade e do ponto de fluidez, detergente/dispersante, inibidor da corrosão, antiespumante, melhorador da resistência à pressão.

Se for utilizado um óleo lubrificante com viscosidade acima daquela recomendada para o equipamento, isso pode gerar um atrito maior, causando superaquecimento, além de não promover a fluidez necessária para que esse óleo chegue a todas as partes móveis do equipamento na taxa recomendada. Portanto, devem ser utilizados somente lubrificantes do tipo e da aplicação recomendados pelo fabricante do equipamento, sendo a principal característica a ser considerada a viscosidade e sua variação com a temperatura.

As graxas são compostas de óleo base com espessantes e aditivos com funções semelhantes às descritas acima. Os espessantes são produzidos à base de sabões de bário, cálcio, lítio, alumínio e sódio, ou de não sabões, como argilas, sílica gel, materiais sintéticos, outros.

Ao selecionar uma graxa, os fatores mais importantes a serem analisados são a consistência, a temperatura de trabalho e as propriedades antioxidantes.

A quantidade de graxa a ser aplicada nos mancais deve preencher o espaço de ±50% da área interna do mancal. Se colocada uma quantidade além dessa, tende a aquecer o sistema e vazar graxa, contaminando os grãos. Nos pontos de lubrificação onde o mancal trabalha exposto a excesso de pó, recomenda-se fazer relubrificação periodicamente.

Em dias seguidos com baixas temperaturas, é recomendado se adicionar junto com a graxa ±20% de óleo lubrificante SAE 90, para diminuir a viscosidade e melhorar a fluidez dos lubrificantes.

Os mancais dos elevadores, das correias transportadoras e das MAP, assim como os da câmara de aspiração da casca, do brunidor, devem ser relubrificados com graxa a cada 250 h de trabalho, se necessário. Os mancais do exaustor de ar e do dosador de casca devem ser relubrificados com graxa a cada 100 h de trabalho, se necessário. Os mancais do eixo do *trieur* e da rosca transportadora, bem como do tamborão do brilhador, devem ser relubrificados com graxa a cada 150 h de trabalho, se necessário.

O descascador de arroz deve ser desligado e manter o nível do óleo na marca vermelha, pois o óleo acima desse nível aquece a caixa de engrenagem acima do normal. Se abaixo do nível, corre-se o risco de os dentes das engrenagens serem danificados. Deve-se trocar o óleo da caixa de engrenagens a cada quatro meses ou mil horas trabalhadas, utilizando óleo SAE 90, que também é usado em caixa de câmbio de automóveis e caminhões. Ainda, deve-se limpar e engraxar a máquina uma vez por semana, e os rolamentos, uma vez por mês, através das engrenagens de pino.

A frequência da relubrificação varia de acordo com o tipo de aplicação. Para se evitar a corrosão e eliminar impurezas, é importante relubrificar com frequência, especialmente em aplicações que envolvem condições adversas, evitando, com isso, corrosões e eliminando impurezas. Para se determinar um cronograma adequado sobre o tempo de fazer a relubrificação, pode-se fazer um programa experimental para cada componente ou verificar a necessidade in loco. Por exemplo, a relubrificação dos mancais pode ser estabelecida em intervalos preestabelecidos, conforme a observação das condições da graxa que sai pela vedação, ou por meio da inspeção periódica na carcaça. Como regra geral, considerando que o ambiente de operação é limpo e que os mancais funcionem em uma temperatura ambiente normal, a relubrificação pode ser feita a cada 3, 4 ou até 6 meses. Mas, se os mancais estão em locais sujos e poluídos, sob alta temperatura, a relubrificação deverá ser mais frequente.

CAPÍTULO 10
Responsável pela manutenção

O indivíduo ligado à área da manutenção é o encarregado pela conservação e substituição de peças indispensáveis ao perfeito funcionamento das máquinas. Deve ser capaz de se expressar tecnicamente com a chefia e com seus auxiliares. Tem o compromisso de verificar e diagnosticar defeitos, além de possuir visão preditiva de manutenção.

O responsável pela manutenção deve observar todas as regras de segurança do trabalho para si e para sua equipe, conforme comentado no Item 6.3.

Essa pessoa deve se comprometer com a entrega de um serviço, visto que é a responsável pelo preenchimento das fichas de manutenção.

FICHA CADASTRAL DE EQUIPAMENTO				
Equipamento:	Código: Patrimônio:	Depto.: Setor:	Centro de custo:	Ind. confiabilidade: Ind. prioridade:
Fabricante:	Tipo: Modelo:	Ano de fabricação: Origem:	Série:	Classe:
Função:	Carga horária: Data da compra:	Nº documento contábil: Garantia:	Valor (R$):	
Data de instalação: Custo de instalação:	Vida útil: Amortização:	Representante: Fone:		
Capacidade de operação:	Características técnicas:	Transferências: Data: | Depto.: | Setor: | Motivo:		
Dimensões	Peso (kg):			
Dados específicos e características principais:		Serviços de utilidade (ar, vapor, gás, etc.)		
Catálogos:				
Desenhos:				
Acessórios e motores:		Tensão:	Fases:	Ciclos:
		Amper partida:	Amper trabalho:	Fusíveis entrada:
		Potência:	Condutor alimentação (AWG):	

Figura 10.1 Ficha cadastral.
Fonte: Autores (2024).

FICHA DE SUBSTITUIÇÕES						
Equipamento:			Nº	Depto.: Setor:		
Data:	Horas de funcionamento	Código:	Vida útil:	Próxima troca	Tempo empregado	Causa

Figura 10.2 Ficha de substituição.
Fonte: Autores (2024).

FICHA HISTÓRICA				Equipamento:			Nº:	Depto.: Setor:		Ano:	Ind. de confiabilidade:	
Mês	Horas M.D.	% relativo	Horas M.P.	% relativo	Horas improdutivas	Custo h imp.	% relativo	Custo peças UPC	Nº de falhas	Elementos em falhas	Faltas reiterativas no trimestre	Observações

Figura 10.3 Ficha histórica.

Fonte: Autores (2024).

CAPÍTULO 11
Checklist de limpeza e inspeção de equipamentos

A exposição da máquina a condições adversas pode afetar seu custo e sua qualidade. Por isso, é importante realizar um cuidado rigoroso com a máquina, incluindo a substituição imediata de peças danificadas ou desgastadas e fazer os devidos ajustes, conforme as normas do fabricante.

O gerente ou operador responsável deverá designar um trabalhador capacitado para ser o responsável direto pela manutenção de cada máquina. Esse trabalhador deverá ser orientado e treinado sobre como executar os trabalhos e como registrar as informações, conforme o modelo de checklist do Quadro 11.1.

Quadro 11.1 Checklist de limpeza e inspeção

CHECKLIST DE LIMPEZA E INSPEÇÃO				
UNIDADE:				
EQUIPE DE PRODUÇÃO:				
NOME DO EQUIPAMENTO:		Duração variável de acordo com o tipo de Unidade		
DATA: __/__/__				
EQUIPAMENTO	**PESSOAL**	**OPERAÇÕES A PROVIDENCIAR**	**MATERIAL**	**CONTROLE**
MAP		Limpeza das peneiras	Vassoura	
		Limpeza de tomadas de ar	Escova metálica Ar comprimido	
		Limpar ventiladores	Vassoura	
		Limpar e conferir a transmissão de movimento	Ar comprimido Escova	

Fonte: Autores (2024).

É importante sempre repassar as instruções de segurança e bloquear todo o maquinário antes de iniciar qualquer manutenção. Com treinamento, o operador será capaz de realizar manutenções simples ou identificar problemas que requerem a intervenção de um profissional qualificado.

11.1 ORGANIZAÇÃO

Indicadores de desempenho são medidas quantitativas que permitem aos gestores acompanhar e avaliar o desempenho de uma Unidade. Eles são usados para identificar áreas de melhoria e tomar decisões estratégicas.

Para garantir a eficiência da produção, a taxa de manutenção corretiva deve ser mantida inferior a 5% do tempo de produção total da Unidade.

11.2 DOCUMENTAÇÃO E GESTÃO

A manutenção corretiva, assim como a preventiva, deve ser registrada e analisada para que ações de melhoria possam ser implementadas. A documentação básica necessária é composta de:

- planilha ou livro de ocorrência (descrevendo a falha), conforme o Quadro 11.2;
- ficha de intervenção (trabalhos efetuados), conforme o Quadro 11.3.

Quadro 11.2 Planilha de ocorrências na Unidade

Logo	RELATÓRIO DE OCORRÊNCIAS			
			Data:__/__/__	
	Turno:			
Nº	**Descrição da ocorrência**	**Motivo**	**Horário**	**Duração**
			Das h às h	
			Das h às h	
			Das h às h	
			Das h às h	
			Das h às h	
			Das h às h	
			Das h às h	
Fardo inicial:		Fardo final:	Total:	
Responsável:				

Fonte: Autores (2024).

Quadro 11.3 Ficha de intervenções

CONTROLE DE OCORRÊNCIAS NO PROCESSO DE BENEFICIAMENTO Modelo de formulário:............................										
Data	Equipamento/processo	Descrição	Hora início	Hora final	Responsável pelo trabalho	Tempo da intervenção	Tempo total da parada	Material reposto	Obs.	Lançado no sistema
15/03/23	MAP	rolamento	8h15	9 h51	Fulano	25 min	1 h	rolamento	falta do item em estoque	OK
15/03/23	Geral	Falta de energia no sistema	11 h30	11 h40	Fulano	0	10 min	–	Concessionária de energia	OK
Totalização					25 min		1 h 10 min			

Fonte: Autores (2024).

O histórico de problemas de cada equipamento é uma ferramenta valiosa para a manutenção. Ele permite que os técnicos avaliem melhor a intervenção a ser feita e identifiquem anomalias que já vinham sendo monitoradas. Essas anomalias podem ser corrigidas antes que causem falhas ou paradas inesperadas.

A manutenção corretiva é realizada após um problema ocorrer. Por isso, é importante que técnicos e trabalhadores da Unidade registrem todas as anomalias ou condições que possam causar problemas, mesmo que não confirmados. Isso ajudará a prevenir problemas futuros.

O controle de estoques de peças importantes deve ser feito regularmente. Os operadores devem saber quais peças são importantes e se elas estão disponíveis. Assim que uma manutenção corretiva for realizada, a peça utilizada deve ser reposta no estoque. Da mesma forma, as ferramentas e os instrumentos de trabalho também devem ter um local apropriado, limpo e organizado, para que sejam facilmente acessíveis. Após o uso, eles devem ser imediatamente devolvidos ao local onde são guardados.

A avaliação dos danos, das condições do equipamento e das causas do problema deve ser registrada em um diário ou livro específico. Para problemas de maiores proporções e importância, é recomendada uma discussão e análise crítica mais aprofundada, envolvendo pessoas ligadas ao processo, técnicos e até mesmo fornecedores, o que torna válido o uso e a importância do livro de ocorrências e de intervenção.

Antes de recolocar a Unidade em funcionamento, o pessoal deve verificar os seguintes itens, independentemente do tipo de manutenção realizada:

- as condições físicas das peças visíveis e principais para o funcionamento, incluindo parafusos de alinhamento, correias, molas, correntes, roldanas, engrenagens etc. Também deve-se verificar a tensão com que essas peças foram reguladas e os alinhamentos;
- a existência de folgas, vazamentos, desgastes etc.;
- a lubrificação geral dos sistemas;
- as instalações e os sistemas elétricos, conexões e isolamentos;
- outros eventos.

A manutenção é uma atividade essencial para o sucesso de qualquer UBG ou UBS. Ela garante que os equipamentos estejam funcionando de forma adequada, o que contribui para o desempenho, a produtividade e o lucro da Unidade. A manutenção deve ser planejada, organizada e documentada para garantir sua eficiência e eficácia. Para evitar paradas não desejadas, o beneficiador deve dedicar de 2 h 30 min a 3 h 40 min por dia à manutenção preventiva. Isso inclui a realização de tarefas, como limpeza, lubrificação e inspeção de equipamentos, evitando uma parada não desejada. Portanto, a Unidade deve ter toda a linha projetada para o beneficiamento diário, considerando-se esse tempo de parada para manutenção.

É relevante – e poderá auxiliar muito – realizar inspeções periódicas nos produtos, subprodutos e resíduos gerados pela Unidade para verificar suas condições de apresentação, como índice de impurezas e de matérias estranhas que permanecem no produto e resíduos em geral. A observação desses indicativos pode ajudar a identificar problemas nas máquinas, desgastes de peças, regulagens inadequadas e outros fatores que podem prejudicar a eficiência do processo.

Conforme já comentado, a manutenção deve ser documentada com checklists, fichas de intervenção e relatórios de ocorrências. Os dados coletados devem ser analisados para identificar oportunidades de melhoria, como a redução do tempo de paradas e a otimização das compras e estoques de peças de reposição.

É relevante considerar que:

- mesmo o melhor equipamento não é capaz de alcançar seu potencial máximo sem a atuação de um pessoal qualificado e comprometido;
- um pessoal competente é capaz de identificar, obter e aplicar informações relevantes para o seu trabalho;
- recomenda-se que o pessoal participe de cursos de formação regulares sobre operação de equipamentos, manutenção, ajustes e segurança;
- um pessoal informado e formado está mais preparado para tomar decisões acertadas, pois tem acesso a informações relevantes e possui as habilidades necessárias para avaliá-las;
- uma manutenção bem planejada e gerenciada garante a disponibilidade dos equipamentos e a continuidade dos processos.

Na organização de uma Unidade, a manutenção deve ser realizada com recursos e ferramentas que sejam capazes de atender às necessidades específicas dos trabalhos, garantindo a qualidade e a segurança das operações.

Os recursos humanos e as ferramentas adequadas são indispensáveis a uma manutenção eficiente. A colocação em operação requer uma gestão rigorosa das ferramentas para evitar desgastes e perdas. Para isso, a gerência da Unidade deve estabelecer um plano de manutenção preventiva para as ferramentas, de acordo com as especificações do fabricante, implementar um sistema de rastreamento para as ferramentas, para garantir sua localização e uso adequado, e realizar auditorias periódicas para verificar o estado das ferramentas e identificar oportunidades de melhoria. A adoção dessas medidas ajudará a garantir a disponibilidade das ferramentas e a minimizar os custos de manutenção.

Quanto ao pessoal que trabalha na Unidade, as questões relevantes são:

- contratar pessoal competente, conforme as exigências da manutenção;
- garantir condições de trabalho seguras e saudáveis;
- realizar avaliações periódicas do desempenho do pessoal, com base em indicadores como tempo de intervenção, paradas e ferramentas utilizadas. Essas avaliações devem ser utilizadas para identificar oportunidades de melhoria e promover o desenvolvimento profissional do pessoal;
- realizar manutenção autônoma, identificando e corrigindo problemas de forma proativa, e promover melhorias contínuas, implementando ações para aprimorar o desempenho do pessoal.

Para a manutenção, deve-se sempre repassar instruções de segurança e atentar para o bloqueio de todos os equipamentos. O operador bem treinado e bem orientado estará capacitado para trabalhar com problemas de manutenções específicas ou identificar os que necessitam de mão de obra especializada.

CAPÍTULO 12
Segurança, higiene e fator humano na manutenção

Apesar de ser um tema que ainda é pouco discutido nas publicações de manutenção, especialmente das atividades rurais e agroindustriais, as questões de saúde, segurança, ergonomia e higiene são fundamentais para o planejamento de engenharia voltado para a manutenção em Unidades agroindustriais de pós-colheita de grãos e sementes.

O segmento econômico do agronegócio, prioritariamente o da produção de grãos e sementes, emprega grande quantidade de trabalhadores no campo e nas atividades agroindustriais. É comum a presença de trabalhadores de UBG/UBS que iniciaram a sua vida laboral nas áreas de produção a campo (lavouras das espécies graníferas) e, posteriormente, foram assumindo funções mais especializadas nas etapas de pós-colheita dos produtos agrícolas, como operação de secadores, manutenção de silos ou até mesmo na manutenção de equipamentos elétricos utilizados no beneficiamento de produtos.

Essa versatilidade profissional é própria do trabalho rural, mas pode acarretar problemas relacionados ao preparo dos "novos operários" que carregam consigo algumas condutas adquiridas em experiências profissionais anteriores. Os novos riscos, oriundos do contato com os equipamentos elétricos energizados, o trabalho em altura ou em espaços confinados, bem como a realização de tarefas em ambientes potencialmente insalubres são desafios a serem enfrentados diariamente pelos trabalhadores e que devem ser pensados pelos gestores de manutenção das UBG/UBS.

Os principais problemas relacionados à segurança em UBG e UBS são: sufocação, quedas, incêndios, explosões, reações alérgicas, intoxicações e exposições a partes móveis dos equipamentos. Esses problemas serão detalhados neste Capítulo. Os dispositivos de segurança utilizados para prevenir esses problemas, de modo geral, são: grades de proteção, cobertura do poço do elevador, proteção de acionamentos, sistemas de ventilação.

Observa-se que, geralmente, os trabalhadores somente ficam cientes dos perigos depois que os acidentes já aconteceram. Então, cabe aos responsáveis pela segurança do grupo de trabalho de treinar, conscientizar e exigir o uso de equipamentos de segurança (EPI), manter esses dispositivos listados, instalados e em boas condições.

12.1 O PAPEL DO OPERADOR NA MANUTENÇÃO

Apesar de todo o esforço empregado para a automação das operações e dos monitoramentos de eficiência operacional de máquinas e equipamentos, a atividade de manutenção é essencialmente humana. Reconhecer a importância do trabalho realizado pelo operário encarregado da manutenção deve ser o ponto de partida para o planejamento das demais atividades. Acrescer o fator humano na manutenção é indispensável na atividade, uma vez que o gestor deve ser capaz de perceber que o operário é dotado de sentimentos como medo, frustração, felicidade ou motivação, que, certamente, resultam em atitudes seguras ou inseguras e estão diretamente relacionadas ao desempenho das tarefas.

O comportamento desejável em segurança é aquele que, ao ser praticado, não resulta em doenças ou acidentes de trabalho. A análise do comportamento é uma ferramenta que pode ajudar a identificar fatores que contribuem para a ocorrência ou prevenção de acidentes. Esses fatores podem ser relacionados ao indivíduo, ao ambiente ou ao trabalho.

Ao escalar os trabalhadores para as atividades de manutenção, especialmente aquelas que coloquem em risco a vida ou a saúde do operador, o gestor da área de manutenção deve ter em mente que a pessoa escalada para executar a tarefa não faz parte do conjunto de máquinas. Portanto, a iniciativa de promover a redução de riscos de acidentes e doenças ocupacionais deve ser intrínseca ao planejamento da manutenção.

12.2 RISCOS INERENTES À MANUTENÇÃO DE UBG/UBS

Os riscos existentes em UBG e UBS variam conforme a disposição das máquinas e dos equipamentos, rotinas operacionais, processos realizados etc., e o correto levantamento de riscos depende da avaliação local de cada Unidade agroindustrial destinada ao beneficiamento, processamento ou armazenamento de produtos agrícolas. A avaliação deve ser organizada com inspeção no local de trabalho e apoiada por medidas de higiene ocupacional e de instrumentação que permitam a quantificação do risco para a adequação das condições do ambiente e para a adoção das medidas corretivas.

Como ainda há grande dificuldade na identificação e na percepção dos riscos, por parte de trabalhadores e empregadores, surge a necessidade de adoção de metodologias que permitam o monitoramento dos riscos, de modo a eliminá-los ou reduzi-los para níveis aceitáveis por meio dos equipamentos de proteção coletiva e dos equipamentos de proteção individual.

Para efeito de classificação, os riscos ocupacionais podem ser categorizados em cinco grupos, conforme a sua origem: física, química, biológica, ergonômica e mecânica, sintetizados no Quadro 12.1.

Quadro 12.1 Riscos ocupacionais presentes no trabalho de manutenção

Risco	Detalhamento
FÍSICO	Consideram-se riscos físicos aqueles originados por agentes físicos nas diversas formas de energia a que possam estar expostos os encarregados da manutenção, como: ruído, vibrações, umidade, pressão, temperaturas extremas, radiações ionizantes, radiações não ionizantes, bem como o infrassom e o ultrassom.
QUÍMICO	Consideram-se riscos químicos aqueles originados por agentes químicos, substâncias, compostos ou produtos que possam penetrar no organismo pela via respiratória, nas formas de poeiras, fumos, névoas, neblinas, gases ou vapores, ou que, pela natureza da atividade de exposição, possam ter contato ou ser absorvidos pelo organismo através da pele ou por ingestão.
BIOLÓGICO	Consideram-se riscos biológicos aqueles originados por agentes biológicos como bactérias, fungos, bacilos, parasitas, protozoários, vírus, dentre outros.
ERGONÔMICO	Consideram-se riscos ergonômicos do trabalho em manutenção aqueles que podem causar desconforto ou problemas de saúde, interferindo nas características psicofisiológicas dos trabalhadores. Alguns exemplos incluem postura inadequada, iluminação e ventilação inadequadas, jornada de trabalho prolongada, monotonia e esforços físicos intensos etc.
MECÂNICO	São os riscos que podem afetar a saúde ou a vida do trabalhador da manutenção, de modo a produzirem situações que possam resultar em acidentes. Exemplos: arranjo físico inadequado, máquinas e equipamentos sem proteção, exposição a material perfurocortante, probabilidade de incêndio ou explosão, armazenamento inadequado ou situações similares.

Fonte: Adaptada de NR-5/2021 – CIPA.

Dentre os riscos físicos, o ruído originado pelo funcionamento do maquinário de beneficiamento de grãos e sementes é o mais evidente, uma vez que a perturbação sonora produzida pelos equipamentos em conjunto pode resultar na Perda Auditiva Induzida pelo Ruído (PAIR). Apesar do destaque dado ao agente físico ruído, o monitoramento das demais condições de trabalho deve contemplar a análise do trabalho próximo a secadores, devido ao aquecimento das superfícies e nas proximidades da área de manutenção, além dos outros potencias riscos físicos previamente identificados nas UBG e UBS.

Os riscos químicos estão presentes nas Unidades de produção e são resultantes da formação da poeira originada das operações de beneficiamento ou movimentação de produtos. A poeira é originada da ruptura mecânica do sólido (grão) que fica suspensa no ar, podendo ser aspirada pelo operador de manutenção e demais trabalhadores da Unidade. Esse pó aspirado poderá ser deletério à saúde, causando irritações, alergias e silicose. Sendo assim, o monitoramento de poeira deve ser providenciado, bem como a adequação das UBG e UBS para a captação de poeira, visando à melhoria da qualidade do processo. Deve-se enfatizar, ainda, que a poeira em suspensão no ar, mediante condições adequadas, pode vir a gerar uma explosão, com os riscos inerentes a ela.

De modo adicional, o risco biológico encontra-se presente no particulado em suspensão, uma vez que os patógenos aderidos à superfície do particulado compõem o ambiente do interior das Unidades de beneficiamento e armazenamento de grãos e sementes.

O trabalho de manutenção em Unidades de beneficiamento e armazenamento apresenta o potencial risco ergonômico, uma vez que, em boa parte das vezes, é realizado em condições ergonômicas desfavoráveis, com deficiência de iluminação, demandando esforço físico intenso do operário de manutenção. Os projetos de máquinas e equipamentos utilizados em UBG/UBS devem prever os requisitos ergonômicos para manutenção, considerando que os elementos precisarão ser desmontados, transportados, substituídos e remontados, pelo menos. Dentre os problemas e doenças causados pelo trabalho não ergonômico, pode-se citar: lesão por esforço repetitivo (LER), estresse, distúrbios osteomusculares relacionados ao trabalho (DORT), surdez temporária ou permanente.

Os riscos mecânicos ou de acidentes são aqueles que carecem de maior atenção, devido à sua relevância para o planejamento seguro da manutenção. Isso se deve à elevada probabilidade de acidentes em membros superiores, destacadamente aqueles resultantes em lesão nas mãos ou punhos, que podem vir a ser produzidos pelo contato do operador com as partes móveis de máquinas e equipamentos desprovidas de dispositivos de proteção coletiva ou tampas dos equipamentos e cobertura de locais perigosos. Ainda, o uso de ferramentas inapropriadas ou com problemas, instalações elétricas precárias, risco de queda, presença de animais peçonhentos e armazenamento inadequado são outros exemplos enquadrados como riscos mecânicos.

Os trabalhadores da manutenção estão expostos aos mesmos riscos dos trabalhadores que atuam na área operacional. E, segundo o Ministério do Trabalho e

Emprego, os acidentes mais comuns no Brasil são: prensamento, esmagamento, corte e perfuração de membros, em especial das mãos, quedas, choques elétricos, intoxicação por gases e vapores, projeção de partículas, que podem atingir os olhos ou outras partes do corpo.

12.3 SEGURANÇA EM MÁQUINAS E EQUIPAMENTOS DE UBG/UBS

A maior parte do conjunto de máquinas e equipamentos agroindustriais destinados ao beneficiamento, processamento, armazenamento ou transporte de grãos tem um longo ciclo de vida, e não é incomum ser encontrado maquinário operando nas Unidades há mais de 20 anos. Obviamente, a obsolescência se torna uma barreira para a adequação às normas de segurança, e o planejamento da manutenção segura deve considerar esse fato.

Implantar as medidas de segurança em serviços que envolvam máquinas e equipamentos não é tarefa simples, especialmente em Unidades já instaladas ou em operação. A realização do inventário de máquinas é o primeiro passo a ser realizado para que seja conhecida a amplitude e a abrangência do local onde as máquinas e os equipamentos estão dispostos, sendo necessário relacionar todas as existentes, para, em seguida, providenciar a avaliação individual de cada uma delas.

A redução de acidentes e doenças ocupacionais entre os trabalhadores pode ser uma consequência positiva da automação de maquinário de UBG/UBS, uma vez que a exposição dos operadores aos agentes potencialmente nocivos pode ser diminuída, ou até mesmo eliminada.

Na oportunidade de se projetarem máquinas que são utilizadas em UBG/UBS, a exemplo de máquinas de ar e peneiras (MAP), mesas densimétricas, separadores em espiral e *trieurs*, os projetos devem considerar, além das necessidades de utilização e automação, as condições de segurança para operação e manutenção. Os operários envolvidos nas atividades de manutenção podem ser excelentes fontes de informação para os projetos e adequações de segurança em máquinas de UBG/UBS, já que são os principais usuários.

O levantamento desse tipo de informação faz parte na fase de Projeto Informacional do Processo de Desenvolvimento de Produtos. Há a necessidade de se elencarem os requisitos de usuários, levantando-se as necessidades dos clientes para o desenvolvimento de novos produtos, considerando-se que as observações feitas pelos clientes podem ser relacionadas com desempenho funcional, fatores humanos, confiabilidade, dentre outros. Um exemplo de adequação de equipamento são as melhorias no separador espiral de sementes de soja pela forma, um dos equipamentos que emitem maior nível de ruído em uma UBS, que pode ultrapassar os limites de tolerância estabelecidos pela legislação. Esse equipamento tem recebido a atenção de fabricantes quanto à melhoria. Novos modelos são comercializados dentro de invólucros para redução do ruído em até 20 dB.

Caso exista a oportunidade da aquisição de máquinas ou equipamentos novos, a equipe técnica deve orientar os encarregados pelo levantamento de orçamentos sobre a necessidade da inclusão dos dispositivos de proteção orientados pela Norma Regulamentadora 12 (NR-12), que trata das condições de segurança em máquinas, inclusive as de uso agroindustrial.

Muitos trabalhadores, e até mesmo alguns gestores, têm a ideia de que as condutas de segurança devem ser apoiadas na utilização do EPI. Essa percepção é errônea se for considerado que somente os EPI são capazes de reduzir os acidentes ou lesões produzidas por estes.

A lógica utilizada para a proteção em máquinas ultrapassa a ideia da "proteção exclusiva por EPI", uma vez que a hierarquização da proteção disposta na NR-12 prevê a existência do Equipamento de Proteção Coletiva (EPC) como iniciativa prioritária ao uso do EPI, conforme a Figura 12.2, que apresenta as medidas de proteção a serem adotadas em ordem de prioridade.

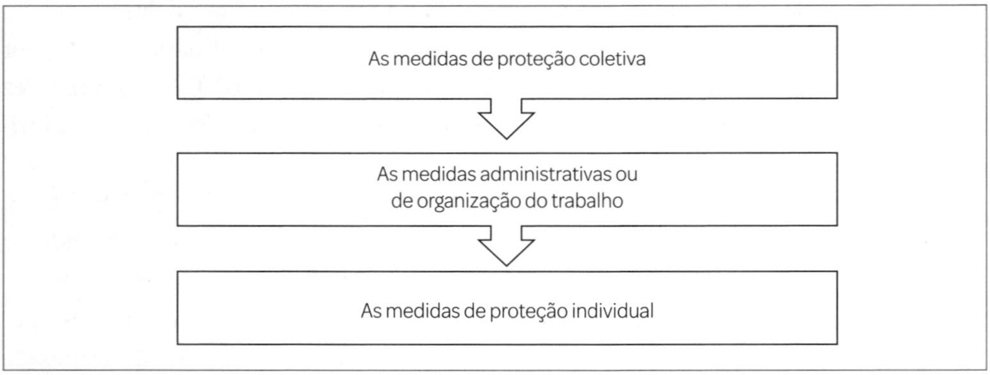

Figura 12.2 Prioridades das medidas de proteção em máquinas e equipamentos.
Fonte: Autores (2024).

Em relação à segurança em máquinas de UBG e UBS, os gestores de manutenção devem se atentar ao atendimento dos seguintes requisitos:

a. observação das condições da edificação e o arranjo físico disponível para o maquinário;
b. instalações e dispositivos elétricos das máquinas;
c. dispositivos de partida, acionamento e parada em máquinas;

d. sistemas de segurança adequados ao maquinário de UBG/UBS;
e. implantação de dispositivos de parada de emergência compatíveis com cada máquina;
f. provimento do maquinário de UBG/UBS dos meios de acesso permanentes (escadas, passarelas, plataformas etc.) adequados a cada um deles.

Além disso, os requisitos ainda preveem o atendimento das demandas de sinalização nas máquinas, bem como a existência dos manuais de máquinas e orientações gerais de manutenção.

Apesar da orientação expressa em norma de segurança, a presença dos manuais de máquinas nas UBG/UBS é incomum. Muitos gestores de Unidades não receberam os manuais no momento da aquisição ou não providenciaram a sua devida conservação. Essa ausência dos manuais das máquinas é um grande obstáculo para os profissionais da manutenção agroindustrial, que acabam tendo retrabalhos, o que, consequentemente, aumenta a exposição às fontes de acidentes em maquinário de beneficiamento e armazenamento de grãos e sementes.

Os principais pontos de acidentes em máquinas são aqueles que possuem partes móveis sem a proteção coletiva que impeçam o contato com as zonas de perigo do maquinário. O encarregado de manutenção deve ter atenção especial durante os serviços que impliquem a retirada da proteção coletiva, pois o risco gerado aumenta consideravelmente a probabilidade de acidentes com lesões graves.

Preparar o encarregado da manutenção para a execução da sua tarefa certamente é uma ação importante no planejamento da manutenção em UBG/UBS, uma vez que a capacitação da mão de obra é uma aliada das boas práticas de segurança. Por isso, os trabalhadores envolvidos em intervenções em máquinas (incluindo operação e manutenção) devem receber capacitação (providenciada pela empresa) que apresente os riscos a que estão expostos e as medidas de proteção existentes para a prevenção de acidentes e doenças ocupacionais.

A capacitação deve ser realizada durante a jornada laboral, sem ônus para o trabalhador, e deve ocorrer antes que o trabalhador da operação ou manutenção assuma as suas funções na Unidade de beneficiamento, armazenamento ou processamento de produtos agrícolas.

As Figuras 12.3 a 12.6 mostram alguns dispositivos que devem ser utilizados nos equipamentos de UBG e UBS para segurança dos operadores. O Corpo de Bombeiros do Paraná publicou Normas de Procedimento Técnico (NPT 027/2018), com orientações específicas para UBG e UBS, mostrando figuras ilustrativas, dimensionamentos e outras orientações de segurança.

Figura 12.3 Escada com guarda-corpo e plataforma para manutenção na cabeça de elevadores.
Fonte: Femusi (2021).

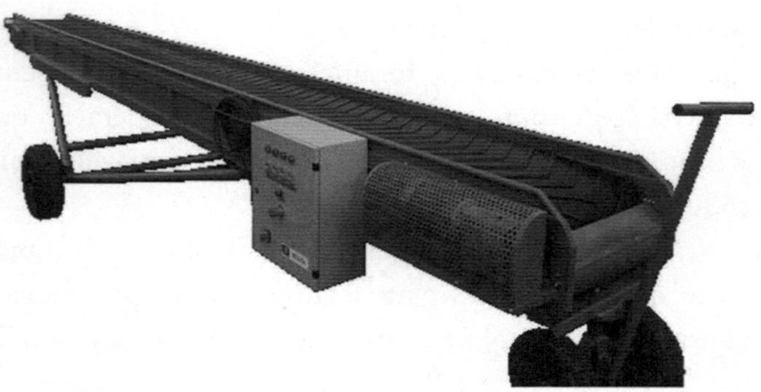

Figura 12.4 Proteção de correia em fita transportadora.
Fonte: Mediza Equipamentos Agroindustriais, (2021).

Figura 12.5 Proteção de correia de acionamento do ventilador.
Fonte: Adaptada de Tech-Air (2024).

(a) (b)

Figura 12.6 Escada protegida para acesso ao topo de silos e escotilha de inspeção com acesso com guarda-corpo.
Fontes: a) Corpo de Bombeiros do PR–NPT 027/2018; b) Montare (2023).

Os silos são equipados com escadas maciças, em aço galvanizado, com grades de proteção e plataformas de descanso montadas a cada seis metros, se for construído de acordo com as normas europeias. Também podem ser equipados com escada interna de aço galvanizado com degraus antiderrapantes.

A cobertura também deve ser dotada de uma escada montada desde o beiral até o topo do silo, permitindo rápido acesso para inspeção.

Os silos são equipados com portas duplas, que permitem uma abertura segura para inspecionar o produto e acessórios no seu interior.

(a)

(b)

(c)

(d)

Figura 12.7 a) escada externa com descanso; b) escada interna; c) escada no telhado com corrimão; d) porta dupla.
Foto: Autores (2024).

12.4 CUIDADOS ADICIONAIS PARA A MANUTENÇÃO DE MÁQUINAS E EQUIPAMENTOS DE UBG/UBS

A segurança na manutenção de equipamentos e máquinas elétricas energizadas, como as utilizadas nas UBG/UBS, demandam cuidados adicionais como a adoção de medidas de proteção coletiva e individual contra o risco de choque elétrico e contra incêndios.

A maior parte das máquinas e equipamentos de UBG/UBS é alimentada por fonte elétrica e o planejamento da manutenção deve considerar os cuidados para realização das intervenções para reparos no maquinário, sendo que a prioridade é a realização da manutenção com a instalação desenergizada. Na impossibilidade, as medidas adotadas devem atender às demais orientações contidas na Norma Regulamentadora 10 (NR-10).

Cabe ressaltar a obrigatoriedade e a importância do treinamento para os trabalhadores que realizam a manutenção em UBG/UBS, pois a informação é grande aliada também da segurança do trabalho com máquinas elétricas. Em relação aos procedimentos contra incêndios em máquinas, equipamentos e instalações de UBG/UBS, os profissionais envolvidos na manutenção devem ser instruídos sobre a utilização das medidas de proteção contra incêndios existentes na planta. Caso não existam, as medidas de proteção contra incêndio devem ser implantadas urgentemente, considerando-se o atendimento das legislações específicas e a real possibilidade de incêndios iniciados pelo mau funcionamento de máquinas e equipamentos elétricos energizados.

As UBG e UBS estão sujeitas a inundações. Alguns procedimentos devem ser seguidos para minimizar os danos, garantir a segurança e preservar essas estruturas.

Uma inundação pode comprometer várias partes das unidades, como ventiladores, motores e transportadores de grãos, que poderão sofrer corrosão, desgaste, empenamento, deposição de detritos.

Antes de iniciar qualquer procedimento é necessário desenergizar a Unidade, fazendo o desligamento da energia elétrica, durante todo o tempo da manutenção dos quadros de comando, painéis, fiação, cabos, motores e componentes elétricos, verificando se não foram comprometidos pela umidade. O pessoal deve usar os EPIs adequados. Toda a parte elétrica atingida pela água deve ser submetida à limpeza e posterior secagem. Os elementos comprometidos devem ser testados quanto ao isolamento, e, se necessário, substituídos e recalibrados.

Quanto aos silos, estes devem ter suas superfícies limpas e desinfetadas, verificar se há necessidade de reparos em parafusos, furação e chapas e realizar pinturas. Verificar se a estrutura da construção civil não foi comprometida, em caso positivo, realizar os reparos.

Após a limpeza da Unidade, deve ser feita a lubrificação de rolamentos, mancais e eixos.

A Unidade, então, é reativada e monitorada, sendo submetida à manutenção preventiva. Esses cuidados irão garantir a segurança operacional e prevenir riscos de acidentes, como choques elétricos e incêndios.

Ainda, pode-se salientar que durante inundações há grande contaminação da água por pragas, como roedores e por animais peçonhentos. O contato do pessoal com essa água contaminada ou com os materiais durante a manutenção poderão deixá-los sujeitos a doenças, como leptospirose, hepatite A e outras, portanto, é imprescindível o uso de EPI para realizar a inspeção inicial e as manutenções necessárias.

12.5 SAÚDE, SEGURANÇA E AMBIENTE: CUIDADOS A SEREM ADOTADOS PELOS GESTORES E OPERÁRIOS DE UBG/UBS

As ações de saúde, segurança do trabalho e meio ambiente devem ser articuladas entre todos os elos da área de manutenção: empresários, gestores e os próprios operários que trabalham no setor de serviço. O estímulo ao autocuidado é uma ação indispensável a ser incentivada na empresa, pois alguns trabalhadores, ou até mesmo gestores, podem ter uma limitada percepção de riscos ocupacionais, de modo a propor procedimentos sem os devidos cuidados que possam comprometer a saúde, a segurança ou o meio ambiente.

Existem muitos cuidados a serem observados em todas as etapas da manutenção, mas foram elencados a seguir cinco destaques para resumida abordagem.

a. Contato do trabalhador com óleos e graxas: os óleos e graxas são indispensáveis para a realização das tarefas de lubrificação de componentes em maquinários de UBG e UBS. O contato com esses agentes químicos pode resultar em perigos, caso sejam ingeridos ou penetrem pelas vias aéreas. Além disso, podem apresentar alguma toxicidade dérmica. Logo, o conhecimento sobre a composição de óleos e graxas utilizados em cada manutenção é necessário para a determinação das medidas de redução do contato com o agente químico, e, caso aconteça, para saber sobre os procedimentos de socorro.
b. Uso de ferramentas manuais: são necessárias para o serviço de manutenção e carregam consigo alguns riscos, pois muitas delas têm ação perfurocortante ou atividade de condução elétrica (ferramentas metálicas), podendo resultar em acidentes. A seleção de ferramentas deve fazer parte do planejamento de manutenção, para evitar o transporte de ferramentas desnecessárias até o local de manutenção, ou, ainda, evitar que faltem as ferramentas de necessária utilização. Em relação às ferramentas, cabe ressaltar que devem ser transportadas em caixas apropriadas, de modo organizado, e nunca nos bolsos do uniforme de trabalho ou colocadas na boca. O uso de um checklist de ferramentas pode auxiliar no planejamento.
c. Higiene pessoal: as questões de higiene são de grande relevância, especialmente nas indústrias de alimentos como as UBG/UBS. Os trabalhadores envolvidos

na manutenção devem ser orientados sobre as boas práticas na indústria de alimentos e sobre a importância da higienização de uniformes, das ferramentas e demais utensílios de manutenção. A disponibilização de um espaço adequado para que o trabalhador realize a sua higiene pessoal é necessária e a NR-24 – Condições de Higiene e de Conforto nos Locais de Trabalho – apresenta algum direcionamento para a implantação nos estabelecimentos.

d. Rotinas de saúde ocupacional: a determinação das condições de saúde para os trabalhadores da manutenção deve ser prevista, considerando-se as atividades que são realizadas por esse grupo de profissionais. Por terem tarefas que envolvem riscos físicos, químicos, biológicos, ergonômicos, além dos trabalhos realizados em altura ou em espaços confinados, os operários de manutenção devem receber maior atenção quanto às suas condições psicofisiológicas como forma de redução da probabilidade de acidentes. Desatenção, uso de certas medicações, realização de alguns exames médicos, insônia, problemas psicológicos são algumas das causas que poderão levar a acidentes.
e. Manutenção e preservação do meio ambiente: as diversas operações de manutenção, mesmo aquelas de melhor planejamento, resultam em maior ou menor impacto ambiental. Os cuidados com o meio ambiente devem ser intrínsecos aos procedimentos de manutenção em UBG/UBS, de modo que prevejam a redução de resíduos e a destinação correta dos resíduos gerados, considerando a logística reversa de materiais a exemplo de lâmpadas queimadas, peças substituídas, graxas e óleos usados etc.

12.6 SUGESTÕES GERAIS

Quanto à instalação dos equipamentos, deve-se:

- chumbá-los firmemente ao piso ou a uma base sólida e livre de vibrações;
- ajustá-los adequadamente os níveis vertical e horizontal;
- determinar a altura de acordo com a facilidade de acesso para ajustes, operação e limpeza;
- instalar sistemas de exaustão e coletores de pó.

Quanto à manutenção geral, deve-se:

- planejar os reparos maiores para o período ocioso da UBG ou UBS;
- preparar um bom plano de trabalho;
- obter com antecedência as peças de reposição.

Quanto ao gerenciamento, deve-se:

- estabelecer um programa de manutenção operacional (PMO) regular;
- designar a exata responsabilidade (pessoa/cargo);
- realizar os procedimentos essenciais de manutenção (lubrificação, ajustes, verificar desgastes esperados para o equipamento);
- manter registros de manutenção operacional de cada equipamento.

CAPÍTULO 13
Manutenções e cuidados para se evitarem acidentes e explosões de pó

As Unidades de beneficiamento de grãos e sementes podem ser locais onde ocorrem diversos tipos de acidentes, entre eles explosões de pó, soterramento e sufocamento pela massa de grãos, quedas, incêndios, reações alérgicas e intoxicações, exposições a partes móveis de equipamentos, dentre outras.

Parte desses acidentes pode ser prevenida por meio de um controle rígido de acesso, sendo restrito a funcionários e pessoal especializado e treinado, com grades de segurança. Por exemplo, áreas em uma Unidade onde se guardam produtos tóxicos, áreas de rebaixamento de tensão elétrica e locais onde fica armazenada grande quantidade de grãos devem ter acesso restrito. Outros dispositivos de segurança são: cobertura dos poços dos elevadores, proteção de acionamentos, de sistemas de ventilação, de motores e de partes móveis, muitos dos quais são exigências legislativas.

Os funcionários das UBG e UBS devem receber treinamentos de segurança ocupacional, recebendo instruções de uso de EPI para trabalhar em áreas específicas, e ficar cientes da exigência do seu uso.

Toda Unidade deve possuir uma brigada de incêndios, e os empregados devem receber treinamento quanto à utilização de sistema móvel de proteção contra incêndio (extintores) para saber usá-lo em caso de necessidade, sabendo qual tipo usar para determinado material.

Todo o projeto agroindustrial, que é o caso de UBG e UBS, deve conter o Plano de Prevenção e Proteção Contra Incêndios (PPCI), cujas normas e padrões são estabelecidos pelos Bombeiros (ABNT 15219). O PPCI abrange prevenção, evacuação e resposta a emergências, é elaborado por profissional de nível superior credenciado no CREA.

13.1 A COMBUSTÃO

A composição química dos produtos agrícolas não permite a formação de chamas por si só. A combustão requer a presença conjunta dos três elementos a seguir:

- material oxidável (combustível);
- material oxidante (comburente); e
- fonte de ignição (energia).

Esses componentes têm de estar presentes juntos para que o fogo ocorra, e formam o chamado triângulo do fogo; porém, nem sempre o fogo ocorrerá. O tetraedro de fogo mostra que, para o fogo ocorrer, é necessário que haja uma reação em cadeia, que gera calor.

No caso de uma UBG, o combustível é o próprio grão seco, o material oxidante é o ar e a fonte de ignição pode ser um raio, uma faísca, um curto-circuito ou outro.

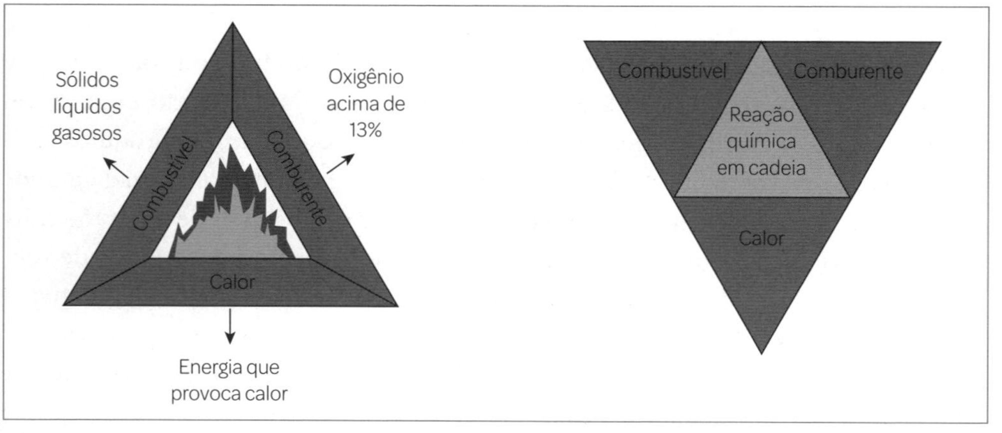

Figura 13.1 Triângulo e tetraedro do fogo.
Fonte: Adaptada de SOS Pantanal (2022).

Grãos com umidade acima de 14% respiram mais rápido, acelerando o processo metabólico. Isso eleva a temperatura da massa e libera gases, como monóxido e dióxido de carbono (CO e CO_2), metano (CH_4), dióxido de nitrogênio (NO_2), sulfeto de hidrogênio (H_2S) e outros.

As estruturas operacionais são construídas com materiais resistentes ao fogo, como metal e concreto, para evitar incêndios.

13.2 EXPLOSÕES DE PÓ

Explosões de pó são causadas pela combustão rápida de uma mistura de ar e partículas de pó em suspensão, em um ambiente confinado. Essa mistura é acionada por uma fonte de ignição, como uma faísca, uma chama ou um arco elétrico.

Numa explosão de pó, os hidrantes e os extintores em nada podem ajudar. A melhor e mais básica prevenção à explosão de pó é a limpeza completa das instalações, não deixando que o pó se acumule sobre estruturas, pois, se ele ficar em suspensão no ar, uma faísca poderá provocar a explosão. Esses acidentes, às vezes, ocorrem durante manutenções, por isso o cuidado e as precauções a serem tomadas também nesses períodos, quando a Unidade não está operando e parece não haver riscos de acidentes.

A Figura 13.2 mostra como o pó em suspensão em um ambiente confinado gera uma explosão, fato que muitos desconhecem e, por isso, negligenciam.

Nesse experimento, foi colocado um pó fino dentro de uma caixa, cuja tampa é firmemente presa, mas com papel, para que este seja o ponto frágil da explosão. Dentro da caixa, é ligada uma resistência elétrica cônica, que serve como fonte de ignição e calor, que poderia ser uma vela ou faísca. No momento em que o ar é soprado por uma mangueira, o pó entra em suspensão, e imediatamente ocorre a explosão, rompendo o papel.

Para que ocorra a explosão de pó, é necessário que todos os elementos a seguir estejam presentes: ar (oxigênio), pó seco em suspensão no ar em uma concentração mínima, espaço confinado e uma fonte de ignição. A concentração mínima de pó é de 35 a 460 g/m^3 de ar. Essa quantidade equivale a cerca de uma colher de pó para o volume de 1 m^3 de ar. Se uma dessas condições não estiver presente, a explosão não ocorre. Dentre elas, em uma UBG controlam-se a quantidade de pó em suspensão e a fonte de ignição, porque o ar e os locais confinados não são passíveis de controle.

Nas UBG, o pó está presente em volta de locais onde há transporte e processamento de grãos, como em moegas ou locais de recepção e descarga, dentro de silos e armazéns, especialmente durante a carga ou descarga e em secadores.

Figura 13.2 Experimento para demonstrar como ocorre uma explosão de pó.
Fonte: Adaptada de Kansas State University – Cooperative Extension Service (1990).

Há muitas fontes possíveis de ignição: o choque de ferramentas ao cair, lâmpadas que ao queimarem explodem, faíscas de esmeril ou de outros equipamentos de manutenção, faíscas elétricas de fios, extensões ou tomadas. Muitas explosões ocorrem ao se soldarem ou cortarem metais, a partir de rolamentos superaquecidos, fogo, principalmente em um elevador emperrado ou com derrapagem da correia sobre a polia de mando, lâmpadas de inspeção instaladas de forma incorreta, falhas elétricas e matérias estranhas.

Outra importante fonte de ignição é o fogo dos cigarros; portanto, deve ser proibido fumar nas Unidades.

Antes da manutenção, deve-se fazer a limpeza, removendo-se, inclusive, o pó aderido por eletricidade estática nos equipamentos, nos silos e em tubulações, para que não se solte durante o processo de soldagem ou corte durante reparos e vir a explodir.

Uma explosão de pó pode criar pressões estáticas excepcionalmente grandes rapidamente, o que é muito difícil de controlar, podendo gerar explosões em cadeia (ou secundárias).

A Figura 13.3 mostra uma sequência de explosão de pó, baseada em casos reais que já ocorreram em diversas Unidades, em vários países ao longo do tempo. No caso apresentado na Figura 13.3, a fonte de ignição foi na polia superior do elevador da Unidade de armazenamento. A fricção produziu fogo ou faíscas na polia, promovendo uma explosão inicial que lança o fogo para baixo, com o movimento do elevador, gerando temperaturas que podem facilmente exceder 2.000 °C. Com isso, cria-se uma enorme onda de pressão (onda de choque) que rompe a estrutura do elevador (Figura 13.3a), sacode as estruturas em volta, desalojando o pó depositado em vigas ou cantos da estrutura do prédio. O pó entra em suspensão. Em alguns segundos são formadas bolas de fogo que são lançadas em volta da Unidade (Figura 13.3b). A mistura de ar e pó explode nas áreas de trabalho e na galeria (Figura 13.3c), no piso superior, nas tremonhas etc., danificando completamente a estrutura da Unidade (Figura 13.3d), com enormes perdas econômicas e, muitas vezes, resultando em muitas pessoas feridas e perdas de vidas.

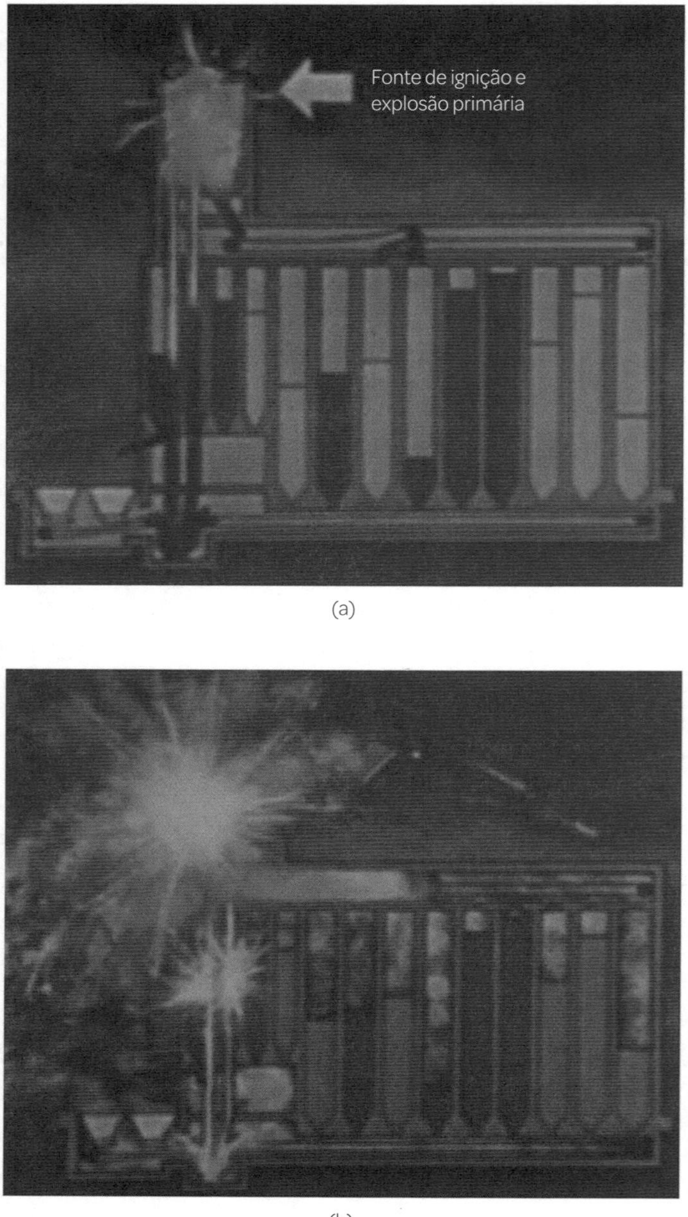

(a)

(b)

Figura 13.3 Sequência de uma explosão de pó.

(c)

(d)

Figura 13.3 Sequência de uma explosão de pó.

Fonte: Adaptada de Kansas State University – Cooperative Extension Service (1990).

Explosões de pó ocorreram em diversos locais no Brasil e no exterior. Alguns exemplos da destruição causada são mostrados na Figura 13.4.

(a) Texas – USA

(b) Santa Rosa-RS

(c) França

(d) Porto de Paranaguá-PR

(e) Palotina-Paraná 27 julho 2023

Figura 13.4 Imagens de explosões em UBG: a) Texas – USA (fonte: http://www.ufrrj.br/institutos/it/de/acidentes/silo.htm); b) Santa Rosa-RS (fonte: http://www.armazenagem.com.br/site/ver.php?codigo=4); c) França; d) Porto de Paranaguá-PR (fonte: http://www.armazenagem.com.br/site/ver.php?codigo=4); e) Palotina-Paraná, 27 de julho de 2023 (fonte: https://paranaportal.uol.com.br/cidades/explosao-destroi-barracao-de-cooperativa-em-palotina).

É necessário que o gerente da Unidade treine sua equipe e deixe todos cientes de que o pó de grãos é explosivo e muito perigoso.

Para prevenir a explosão primária, a Unidade deve instalar sensores de movimento em mancais, sensores de alinhamento de fitas transportadoras, sensores de calor e ímãs, a fim de impedir que pedaços de metais ferrosos entrem nos equipamentos, para não causarem faíscas ou atrito com outros metais. Esses ímãs também devem ser limpos regularmente, fazendo parte dos programas de manutenção.

É essencial ter um bom programa de manutenção preventiva durante todo o ano, inspecionando equipamentos para eliminar fontes de ignição. Não adianta colocar na Unidade todos os equipamentos de segurança, como detectores de rolamentos aquecidos e de movimento, se eles não funcionam da maneira adequada. Os equipamentos devem estar em bom estado para serem utilizados de forma eficiente.

Internamente, na Unidade, deve-se prevenir que não ocorram as explosões secundárias que são mais perigosas que as primárias, eliminando o combustível e a fonte de ignição. Para tal, as áreas de trabalho devem ser limpas diariamente, o que também torna o ambiente mais saudável para os trabalhadores.

Para se assegurar que menos vidas estejam em risco, além dessas providências, deve-se planejar a Unidade, para que o pessoal dos setores administrativos fique em um prédio isolado e distante; automatizar o funcionamento da Unidade; coletar o pó em suspensão por um sistema pneumático ou tratar os grãos com óleo; instalar o elevador de caçambas do lado de fora da Unidade, pois se ele explodir, minimizará o dano no restante desta, bem como explosões secundárias; eliminar pisos e galerias superiores, evitar túneis, instalando apenas transportadores cobertos sobre os silos; instalar exaustores em túneis, quando não se puder evitar sua construção; instalar dispositivos de alívio de explosões em secadores e em outros equipamentos, para que se rompam facilmente em caso de explosão, deixando o restante do prédio ou do equipamento intacto; instalar dispositivos de prevenção de explosão em locais de alto risco. Usam-se sistemas de coleta de pó como exaustores que levam o pó para ciclones e filtros de mangas, os quais também devem ser limpos periodicamente.

Figura 13.5 Dispositivos de alívio de explosão.
Fonte: Corpo de Bombeiros do Paraná – NPT 027/2018.

A OSHA (*Occupational Safety and Health Administration*) é uma agência do Departamento do Trabalho dos Estados Unidos, e em 1987 essa agência emitiu a *OSHA Safety Standing for Grain Handling Facilities*, que são regulamentos para instalações para processamento e armazenamento de grãos. No mesmo ano, o USDA *Grain Storage, Handling and Processing Safety Coordinating Subcommittee* emitiu recomendações para os elevadores de grãos devido às estatísticas de ocorrências de explosões, que indicam que a maioria das explosões de pó ocorreram mais em locais de armazenamento de grãos do que em locais de processamento de grãos, sendo 67% em elevadores de grãos, 16% em engenhos, 3% em Unidades de processamento de milho, 2% em moinhos de farinha e 12% nos demais. Devido à devastação após uma explosão de pó, é difícil determinar na metade dos casos, onde ocorreu a explosão primária.

No elevador de grãos em funcionamento, o pó fica em suspensão em concentrações mais elevadas que os limites mínimos para causar uma explosão.

Quanto menor a granulometria do pó, mais fácil e mais rápido das partículas pegarem fogo e queimarem, e quanto mais seco estiver o pó, mais perigoso é.

Também podem ocorrer explosões durante tempestades de raios; daí a importância de uma instalação correta de para-raios, realizada no PPCI.

A NPT 027/2018 é uma normativa estabelecida pelo Corpo de Bombeiros do Paraná que detalha os procedimentos para prevenção de explosões e de outros acidentes em UBG, engenhos de açúcar e outros locais onde possam ocorrer acidentes com produtos agrícolas. Essa norma foi baseada em várias Normas Técnicas da ABNT, normas do Ministério da Defesa, normas norte-americanas e outras.

13.3 MEDIDAS OPERACIONAIS PREVENTIVAS PARA O RISCO DE EXPLOSÃO DE PÓ

A primeira medida para prevenir explosões de pó é realizar uma cuidadosa limpeza da massa de grãos para remover o máximo possível de matérias estranhas e material particulado fino.

Outra providência importante é dispor de sistemas de exaustão de pó para remoção contínua dessas partículas em todos os setores do processo, realizando a limpeza periódica desses sistemas, bem como dos equipamentos de captação de pó.

Deve-se realizar a limpeza das instalações e, após a expedição da safra, limpar especialmente os espaços confinados como os túneis, evitando o acúmulo de pó; incluir uma sistemática de monitoramento e manutenção periódica dos equipamentos e das instalações elétricas, eletrônicas e mecânicas, de forma a observar antecipadamente qualquer mau funcionamento e imediatamente corrigi-lo, caso não tenha sido detectado durante a manutenção preventiva; pintar os equipamentos e tubulações com tinta brilhante que faça o pó deslizar, o que pode ser uma forma de evitar acúmulo.

Durante as manutenções, devem ser dispensados cuidados especiais na utilização de aparelhos de soldar e esmerilhar, ou outros que produzam faíscas, os quais devem ser utilizados somente após uma criteriosa limpeza do local e dos equipamentos.

Outra medida, que é pouco utilizada devido ao seu custo elevado, mas que é eficiente, é realizar aspersão de óleos minerais na massa de grãos em movimento sobre fitas transportadoras para reduzir a emissão de pó.

13.4 ACIDENTES DE SOTERRAMENTO EM UBG

Os silos e armazéns graneleiros são essenciais para o armazenamento da produção agrícola, mas apresentam diversos riscos, que compreendem: soterramentos, quedas, lesões, deslizamentos, explosões, além de danos ao trato respiratório e aos olhos dos trabalhadores devido à poeira dos grãos.

Acidentes não são incomuns de acontecer. Conforme levantamento da *BBC News Brasil*, desde 2009 já foram registradas ao menos 106 mortes em silos armazenadores de grãos no país, sendo 24 delas apenas no ano de 2017.

Além das explosões de pó, outros acidentes podem ocorrer em UBG. Vários locais podem estar sujeitos a acidentes, como:

- poços de elevadores (asfixia por falta de oxigênio e queda);
- canaleta de roscas de descarga de silos (asfixia);
- queda em roscas transportadoras;
- soterramento em massa de grãos armazenados;
- outros.

Os elevadores, por serem estruturas esbeltas e muito altas e porque precisam ter suas tubulações de descarga em um ângulo mínimo de 45° para escoar os grãos, são instalados, muitas vezes, em poços, ou seja, em caixas de concreto construídas abaixo do nível do solo. Esses poços são estreitos e precisam ser limpos periodicamente, e o elevador precisa receber manutenção também na sua parte inferior. Contudo, muitos grãos acabam caindo nesse poço durante o funcionamento do elevador, fermentam e, nesse processo, consomem o oxigênio do ar e exalam gás carbônico. Quando o trabalhador desce no poço, pode se asfixiar. Por isso, recomenda-se que seja usado um medidor de nível de oxigênio e que o trabalhador seja amarrado em uma corda de segurança, para evitar queda ou para facilitar o resgate, caso desmaie. Outro trabalhador deve ficar acompanhando a manutenção na superfície.

Os silos armazenadores geralmente são descarregados por roscas transportadoras. Esse transportador é instalado dentro de uma canaleta de concreto, construída na base do silo. Para fazer a manutenção dessa rosca e a limpeza do local, muitas vezes o trabalhador tem de entrar nessa canaleta, que é um espaço confinado; e, da mesma forma que no poço de elevador, grãos fermentados podem consumir o oxigênio, e a pessoa, asfixiar-se. Portanto, esse trabalhador também tem de dispor dos dispositivos de segurança para realizar a tarefa.

Roscas transportadoras são bastante utilizadas em UBG, seja no nível do solo, seja no topo de silos e de armazéns graneleiros. Essas roscas costumam ter uma tampa, sobre a qual alguns trabalhadores podem inadvertidamente subir, ou, às vezes, subir nas bordas da rosca sem tampa, vindo a cair nas roscas, que, se estiverem em movimento, causam acidentes muito sérios e mortes. Ao lado das roscas elevadas, devem ser instaladas passarelas com guarda-corpo, por onde os trabalhadores da manutenção devem transitar, com segurança.

Para subir em silos e em elevadores, atualmente, há exigência de instalação de escadas com guarda-corpo e plataformas no topo dos elevadores.

Existem diversas ocorrências de intoxicação por CO_2 (asfixia) em silos armazenadores de grãos devido à entrada de trabalhadores sobre a massa de grão que fermentou e produziu gás carbônico. Casos relatados mostram que um funcionário, ao entrar, asfixia-se; outro, ao entrar para resgatá-lo, também se asfixia. Às vezes, isso pode ocorrer quando trabalhadores entram em túneis de descarga de armazéns graneleiros para realizar limpeza ou manutenção. Em outros casos, o trabalhador se asfixia, desmaia e tem uma queda de grande altura.

Outros tipos de acidentes em silos são de soterramento, como mostra a Figura 13.6.

A Figura 13.6a mostra uma sequência em que inadvertidamente uma pessoa caminha sobre a massa de grãos, e o sistema de descarga é acionado. A pessoa tem entre 2 e 3 segundos para se salvar. Como no caso, a pessoa não está com uma corda guia, ela é sugada pela massa de grãos. Em quatro a cinco segundos, ela já estará enterrada na massa de grãos acima da cintura, quando não há mais como sair. Em vinte e dois segundos, estará completamente encoberta e soterrada pela massa de grãos.

Na Figura 13.6b, um mau armazenamento fez com que os grãos no topo da massa ficassem mofados, constituindo uma massa compacta que forma uma ponte de grãos. Ao iniciar a descarga, há a formação de um bolsão de ar abaixo da ponte, que permanece mesmo interrompendo-se a descarga. Esse bolsão pode vir, inclusive, a deformar as paredes do silo. Se uma pessoa subir na ponte de grãos mofados (Figura 13.6c) com a intenção de quebrá-la para haver a descarga do silo, sem saber que há um bolsão de ar abaixo dela, cai no bolsão, podendo ser soterrada, o que ocorrerá com certeza se o sistema de descarga estiver ligado, sendo sufocada em segundos.

No caso da Figura 13.6d, a pessoa sobe na massa para testar se há uma ponte de grãos, que se quebra, e, mesmo com o sistema de descarga do silo desligado, essa pessoa acaba soterrada.

A Figura 13.6e mostra que o trabalhador na cobertura do silo tenta resgatar uma pá que caiu sobre a massa de grãos, escorrega, cai na massa que está sendo descarregada e é soterrado.

A Figura 13.6f mostra dois trabalhadores tentando quebrar a ponte de grãos com um bastão. A ponte se rompe, arrastando o trabalhador para o interior da massa que está sendo descarregada, e este arrasta o outro trabalhador, puxando-o na tentativa de se salvar, sendo ambos sufocados.

A Figura 13.6g mostra outro tipo de acidente. Após descarregar o silo, parte da massa fica aderida à parede deste, também por mau armazenamento. Um trabalhador entra no silo com o intuito de desmanchar esse talude íngreme, que cai sobre ele, soterrando-o.

A Figura 13.6h apresenta um procedimento correto para evitar acidentes em silos. A primeira coisa que se observa é que a pessoa não está sozinha, tem mais dois trabalhadores no apoio, com cordas. Outra coisa que se observa é que o sistema de descarga está desligado. A pessoa que entra no silo está presa por uma corda, segurada pela pessoa que está fora do silo, na cobertura. No caso de a ponte se romper e o trabalhador cair, a pessoa que está segurando a corda age rapidamente, puxando o trabalhador. A pessoa que está no chão pode buscar ajuda ou auxiliar a puxar o outro trabalhador. Todos juntos evitam um acidente.

Os locais de armazenamento de grãos, mesmo em pequenas propriedades, oferecem risco de soterramento e consequente sufocamento de trabalhadores e suas crianças. Por isso, esses locais devem estar fechados, com acesso restrito.

A ANBT NBR 16577 trata da prevenção de acidentes e procedimentos em espaços confinados como estes.

Esses locais devem ser sinalizados com adesivo como o mostrado na Figura 13.7 e a energia deve ser desligada e bloqueada.

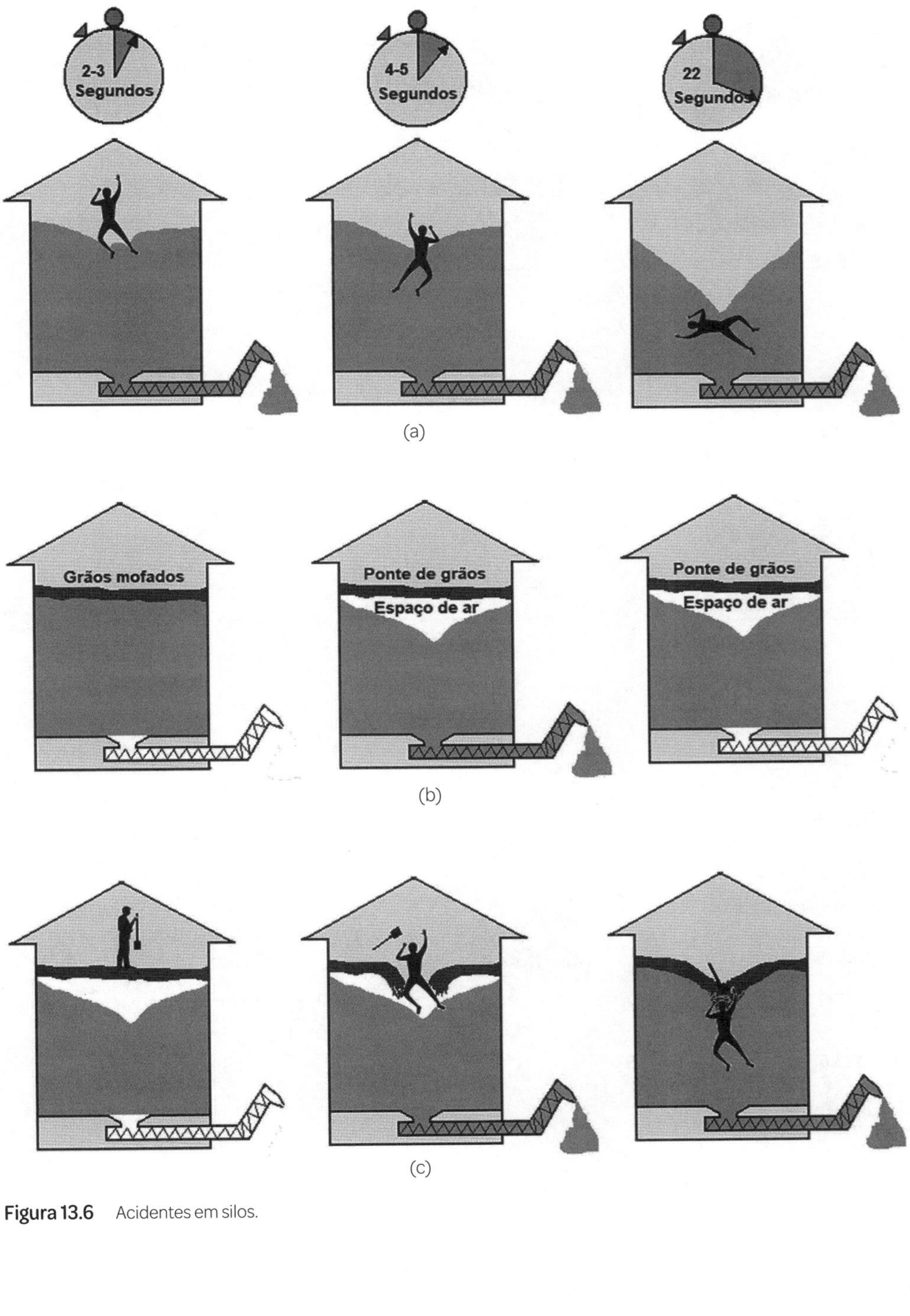

Figura 13.6 Acidentes em silos.

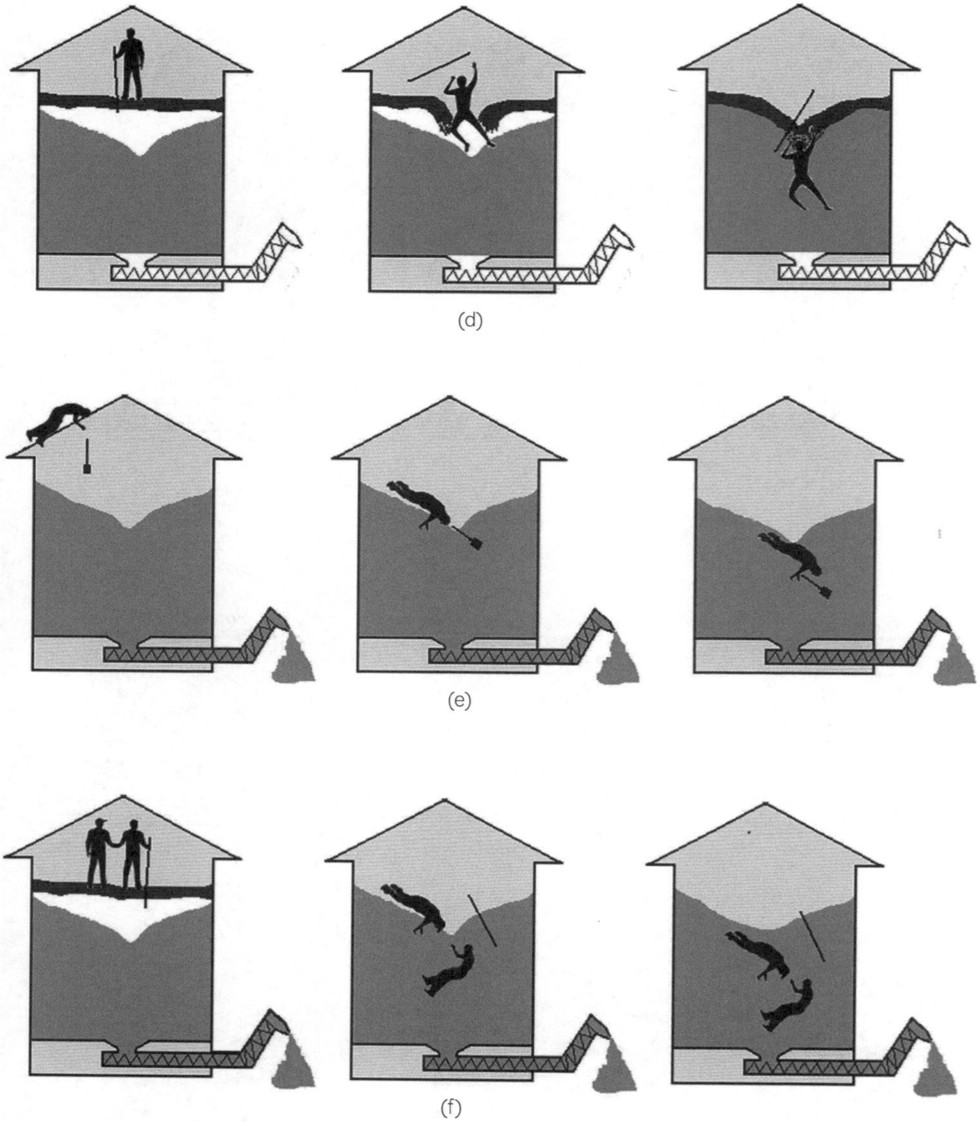

Figura 13.6 Acidentes em silos.

(g)

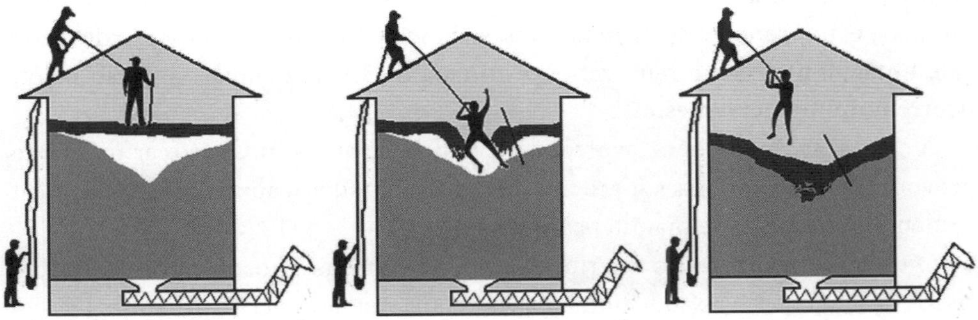

(h)

Figura 13.6 Acidentes em silos.
Fonte: Adaptada de OSHA (2002).

(a)

(b)

Figura 13.7 Adesivo de risco e caixa de comando elétrico travada.
Fonte: a) Mercado Livre (2024); b) Guia Técnico NR-33.

Os trabalhadores, muitas vezes, precisam entrar nos silos para desentupir canais de fluxo de grãos que aderem à parede dessas estruturas devido à má conservação do produto, que causa umedecimento e aquecimento da massa armazenada.

Esses problemas ocorrem porque os silos são construídos e instalados ao ar livre, onde há incidência direta de radiação solar sobre a sua estrutura. Essa radiação aquece as suas paredes, provocando o aumento da temperatura interna e o acúmulo de carga térmica. Esse calor deve ser removido com aeração adequada.

À noite, a temperatura ambiente diminui, e a diferença de temperaturas interna e externa do ar pode provocar a condensação da umidade do ar no silo, formando gotículas de água. Essa condensação forma uma crosta na superfície da massa de grãos, que ocasiona a obstrução do ar de aeração dos silos. Os grãos absorvem essa umidade e, por serem organismos vivos, seu metabolismo age, causando deterioração. Então, é necessário remover essa camada de forma manual, situação na qual ocorrem muitos acidentes.

A condensação também favorece a incidência de pragas nos grãos armazenados, provocando corrosão nas superfícies metálicas dos silos e aumentando significativamente o seu custo de manutenção.

O trabalho realizado no interior de silos e armazéns é hostil, e por isso implica riscos de acidentes e à saúde humana, e é regulamentado pela Norma Regulamentadora 31 do Ministério do Trabalho e Emprego.

O sufocamento em silos se dá quando há colapso das camadas laterais de grãos que ficam aderidas às paredes, que caem como uma avalanche, soterrando o trabalhador.

Quando o trabalhador anda sobre a massa de grãos sem os devidos cuidados e equipamentos de segurança, pode afundar na massa, sendo engolfado por ela, asfixiando-se em instantes.

As explosões também são muito comuns em silos de grãos. Os grãos em si não são inflamáveis, porém, o acúmulo de poeira, quando esta é suspensa no ar, pode explodir se houver uma fonte de ignição.

Portanto, limpeza e controles de conservação do produto farão com que a massa seja armazenada de forma adequada, diminuindo a necessidade de intervenção humana nesses locais e de acidentes inerentes a esse trabalho.

13.5 CUIDADOS TÉCNICOS NA CONSTRUÇÃO DAS INSTALAÇÕES AGRÍCOLAS

A seguir, serão listados procedimentos técnicos que devem ser adotados pelo projetista de UBG e UBS para evitar acidentes de vários tipos. São eles:

- instalar sistemas de exaustão de ar e pó em pontos críticos, como: túneis, galerias, elevadores e em pontos de carga e descarga de grãos e sementes;
- executar instalações elétricas de acordo com as normas técnicas da ABNT;
- fazer o aterramento elétrico dos componentes eletromecânicos e de pontos geradores de cargas eletrostáticas;
- fazer a instalação de sistemas de para-raios dimensionados de acordo com as normas técnicas e do Corpo de Bombeiros;
- fazer o projeto de iluminação apropriado aos ambientes de riscos, usando lâmpadas à prova de explosão.

A Figura 13.8 mostra, por exemplo, que a estação de fornecimento de energia elétrica da UBG/UBS deve ficar em local afastado da Unidade, cercada, com portão trancado, dispondo de extintor de incêndio adequado. As instalações elétricas devem ser bem executadas, com disjuntores e fusíveis bem dimensionados. Os túneis abaixo dos silos de armazenamento de grão devem dispor de sistema de exaustão de ar. Toda a fiação da Unidade deve passar por dentro de eletrodutos, ficando protegida. As lâmpadas de iluminação dos locais devem ser blindadas, para prevenir explosão.

Por fim, os responsáveis pela Unidade devem promover reuniões periódicas com todos os empregados para tratar de segurança da Unidade, discutindo perigos, problemas, práticas, procedimentos. Cada empregado deve compreender que a segurança é um tipo de atividade da qual toda a equipe deve participar. A empresa deve ter um plano de ação de emergência, e todos os funcionários devem estar cientes e treinados para saberem responder a uma situação de emergência. Esse plano deve prever a colaboração dos Bombeiros, da Polícia e dos sistemas de emergência de saúde.

Figura 13.8 Instalações adequadas para prevenir acidentes.
Fonte: Composição de imagens de notas de aula Prof. Carlos A. S. Luz (2009).

13.6 SUGESTÕES GERAIS

A seguir, são apresentadas sugestões gerais para as Unidades de beneficiamento de grãos e sementes.

Na instalação dos equipamentos:

- chumbá-los firmemente ao piso ou a uma base sólida e livre de vibrações;
- ajustar adequadamente o nível vertical e horizontal, por exemplo, nas MAP;
- determinar a altura de acordo com a facilidade de acesso para ajustes, operação e limpeza;
- instalar sistemas de exaustão e coletores de pó.

Manutenção geral:

- planejar os reparos maiores para o período ocioso da Unidade;
- preparar um bom plano de trabalho de manutenção;
- obter com antecedência as peças de reposição.

Gerenciamento:

- manter os manuais do fabricante dos equipamentos da Unidade em local de fácil acesso à equipe de manutenção, a qual será responsável por retornar esses manuais ao seu local de guarda;
- estabelecer um programa de manutenção operacional (PMO) regular;
- providenciar todos os equipamentos e ferramentas necessários para que a equipe de manutenção realize seu trabalho adequadamente e com segurança;
- designar a exata responsabilidade (pessoa/cargo);
- saber realizar e conhecer os procedimentos essenciais de manutenção: lubrificação, ajustes, desgaste esperado por equipamento etc.;
- manter os registros de manutenção operacional de cada equipamento;
- treinar as equipes como brigadas de incêndio, para emergências, primeiros socorros, para que todos saibam como proceder em momentos críticos, pois, muitas vezes, acidentes acontecem no meio rural, onde o socorro pode demorar a chegar.

Referências

ABA CORRENTES E ENGRENAGENS. *Corrente transportadora de redler.* Disponível em: https://www.abacorrentes.com.br/corrente-transportadora-redler. Acesso em: 17 jun. 2023.

ABECOM. *Rolamento de esferas de contato angular.* Disponível em: https://www.abecom.com.br/rolamentos-de-esferas-de-contato-angular/. Acesso em: 17 jun. 2023.

ABNT. Associação Brasileira de Normas Técnicas. *NBR 16577.* Espaço confinado – Prevenção de acidentes, procedimentos e medidas de proteção. 28 março 2017.

ABNT. Associação Brasileira de Normas Técnicas. *NBR ISO 6184-1.* Sistemas de proteção contra explosão. Parte 1: Determinação dos índices de explosão dos pós combustíveis no ar. 14 maio 2007.

AGI BRASIL. *Transportador de correia* – linha commercial – cob – manual de montagem/operação/manutenção, abr. 2020. Disponível em: https://www.aggrowth.com/globalassets/about-us-section/agi-brasil/transportador-de-correia/5000000014.pdf. Acesso em: 04 jun. 2024.

AGRIINFO. *My Agriculture Information Bank.* Maintenance of air screen seed cleaner. Ago 2017.

ALMEIDA, Márcio Tadeu de. *Manutenção preditiva:* confiabilidade e qualidade. Escola Federal de Engenharia de Itajubá, Itajubá. 5p. Disponível em: https://mtaev.com.br/wp-content/uploads/2018/02/mnt1.pdf. Acesso em: 30 jun. 2016.

AMPA-IMAMT. Associação Mato-grossense dos Produtores de Algodão-Instituto Mato--grossense do Algodão. *Manual de beneficiamento do algodão.* 2. ed. Cuiabá, 2014. 368p.

ANDRADE, Alan Sulato de. Elementos orgânicos de máquinas II - AT-102. Universidade Federal do Paraná. Curso de Engenharia Industrial Madeireira. Disponível em: https://www.academia.edu/26844316/ELEMENTOS_ORG%C3%82NICOS_DE_M%C3%81QUINAS_II_AT_102. Acesso em: 10 jun. 2024.

ARAÚJO, Ádamo de Sousa; OLIVEIRA, Alex Leal de; BAUDET, Leopoldo Mario. A UBS em tempos de automação. *Seed News*, Pelotas, v. 18, n. 5, 2014.

ARAÚJO, Igor Mateus de; CÂMARA, João Maria. Manutenção preditiva e detectiva. Capítulo III, *In*: Manutenção elétrica industrial. *O Setor Elétrico*, AFAP, ed. 50, p. 46-52, mar. 2010.

AVENTA. *EPI.* Disponível em: https://aventa.com.br/novidades/import%C3%A2ncia-do--uso-de-epi-no-processo-de-soldagem. Acesso em: 28 jul. 2023.

BERNAUER. *Manual de instalação, operação e manutenção de rosca transportadora.* 18p. Revisão 2. Disponível em: https://pt.scribd.com/document/525676317/Manual-de-Instalacao-Operacao-e-Manutencao-de-Rosca-Transportadora-PDF-Download-Gratis. Acesso em: 10 jun. 2024.

BERNAUER. *Manual de instalação, operação e manutenção de ventiladores radiais e axiais.* Revisão: 4.0. 38p. Disponível em: https://www.academia.edu/34223884/Manual_VBR_VBA. Acesso em: 10 jun. 2024.

BLEY, Juliana. *Comportamento seguro*: a psicologia da segurança no trabalho e a educação para a prevenção de doenças e acidentes de trabalho. Curitiba: Sol, 2006.

BORMAX. *Manutenção das correias transportadoras.* Disponível em: https://www.correiasindustriais.com.br/noticias/identificacao-de-desgaste-em-correias-transportadoras. Acesso em: 24 jun. 2024.

BRASIL. Ministério do Trabalho e Emprego. *Norma Regulamentadora 10* – NR-10. Segurança em instalações e serviços em eletricidade. Aprovada pela Portaria 3.214, de 08 jun. 1978 e alterada pela Portaria 598 de 07 dez. 2004. Brasília: D.O.U, 08 dez. 2004.

BRASIL. Ministério do Trabalho e Emprego. *Norma Regulamentadora 12* – NR-12. Segurança no trabalho em máquinas e equipamentos. Aprovada pela Portaria 3.214, de 08 jun. 1978 e alterada pela Portaria 857, de 25 jun. 2015 e Portaria 1.067, de 23 set. 2019. Brasília: D.O.U, 2019.

BRASIL. Ministério do Trabalho e Emprego. *Norma Regulamentadora 24* – NR-24. Condições de higiene e conforto nos locais de trabalho. Aprovada pela Portaria SEPRT 1.066, de 23 set. 2019. Brasília: D.O.U, 24 set. 2019.

BRASIL. Ministério do Trabalho e Previdência. *Norma Regulamentadora 5* – NR-5. Comissão Interna de Prevenção de Acidentes – CIPA. Aprovada pela Portaria MTP 422, de 07 out. 2021. Brasília: D.O.U, 08 out. 2021.

BRASIL. Ministério do Trabalho e Emprego. FUNDACENTRO. Espaços confinados – livreto do trabalhador. Baseado na Norma Regulamentadora 33 – NR-33. 2009. 38p.

CAMPO & NEGÓCIOS ONLINE. *A escolha do silo ideal.* 2015. Disponível em: https://revistacampoenegocios.com.br/a-escolha-do-silo-ideal/. Acesso em: 17 jun. 2023.

CASTRO, Jorge Luís da Silva; FINKLER, Alessandro; MILKE, Tafarel Franco. *Uso da termografia em manutenção preditiva de redes de distribuição. Salão do Conhecimento.* Unijuí. 2016. Disponível em: https://www.publicacoeseventos.unijui.edu.br/index.php/salaoconhecimento/article/view/7039. Acesso em: 10 jun. 2024.

CDM SYSTEMS INC. *Drag chain conveyor operation.* Disponível em: https://www.cdmsys.com/tech-brief-drag-chain-conveyor-operation/. Acesso em: 17 jun. 2023.

CIPA. Comissão Interna de Prevenção de Acidentes. Mapa de riscos. Disponível em: https://www.pucsp.br/cipa/mapa-riscos.html. Acesso em: 18 jul. 2023.

CORPO DE BOMBEIROS BM7/PR. Unidades de armazenamento e/ou beneficiamento de produtos agrícolas e insumos Parte 02 – Grãos. Paraná, Norma de Procedimento Técnico NPT 027, ago 2020. 18 p. Disponível em: chrome-extension://efaidnbmnnnibpcajpcglclefindmkaj/https://www.fiepr.org.br/relacoes-governamentais/uploadAddress/Corpo-de-Bombeiros[93584].pdf. Acesso em: 17 jun. 2023.

DE CICCO, Francesco; FANTAZZINI, Mario Luiz . *Introdução à engenharia de segurança de sistemas.* 3. ed. São Paulo: FUNDACENTRO, 1988.

DE PAULA EPI. *Luva de raspa P15 com reforço interno.* Plastcor. Disponível em: https://www.depaulaepis.com.br/protecao-para-soldador/luva-de-raspa-com-reforco-interno-punho-7cm-plastcor-c-a-35194. Acesso em: 12 jun. 2024.

DIEGOLI, Bruno Bueckmann; GAVLAKI, Daniel. IND4.0. *Termografia* – aplicações além da manutenção elétrica. Disponível em: https://www.industria40.ind.br/artigo/17360-termografia-aplicacoes-alem-da-manutencao-eletrica. Acesso em: 16 jun. 2023.

DIRECT INDUSTRY. *Sensor de temperatura para rolamento.* Disponível em: https://www.directindustry.com/pt/prod/controle-mesure-regulation/product-7682-512303.html. Acesso em; 28 jul. 2023.

DROPSA. *Lubrificação centralizada.* Sistema de lubrificação – tribologia. Manual de Instruções. Santo Amaro, SP, [s.d.] 17p. [Apostila em pdf].

ECO SAND. *Calha vibratória* – modelos-cv. Disponível em: https://www.ecosand.com.br/loja/equipamentos-para-fundicao/areia-sintetica/calha-vibratoria-modelos-cv/. Acesso em: 17 jun. 2023.

EMF Engenharia. *Inspeção termográfica.* Disponível em: https://emf-engenharia.com.br/termografia/. Acesso em: 16 jun. 2023.

EPI ONLINE. *Óculos de proteção Worker Incolor Steelflex.* Disponível em: https://www.episonline.com.br/oculos-de-protecao-worker-incolor-steelflex-837770-1-p3521?utm_source=google&utm_medium=cpc&utm_campaign=lojavirtual&gclid=CjwKCAjws-

7WkBhBFEiwAIi168y0LZ14BhZP-WSYd7kI3eYtjsblxrARzZYiNQgglmBtWExLeze1_jhoCC_YQAvD_BwE. Acesso em: 17 jun. 2023.

E-SILO. *Registro de gaveta*. Disponível em: https://www.google.com/search?q=registro+tipo+gaveta+manual+e-silo+traminik&tbm=isch&ved=2ahUKEwjkqPypgMv_AhUEA9QKHcNiBsUQ2-cCegQIABAA&oq=registro+tipo+gaveta+manual+e-silo+traminik&gs_lcp=CgNpbWcQAzoECCMQJ1DXE1jtI2DBLGgAcAB4AIABmAGIAdMJkgEDMC45mAEAoAEBqgELZ3dzLXdpei1pbWfAAQE&sclient=img&ei=kgSOZOSXCYSG0AbDxZmoDA&bih=625&biw=1349&rlz=1C1ONGR_pt-PTBR1061BR1061&hl=pt-BR. Acesso em: 17 jun. 2023.

FÁBRICA DO PROJETO. *Elevador de canecas*. Disponível em: http://www.fabricadoprojeto.com.br/wp-content/uploads/2013/02/bucket_elevator1.gif. Acesso em: 17 jun. 2023.

FAÇO. *Manual de operação e manutenção*: elevador de canecas. Disponível em: https://pt.slideshare.net/slideshow/manual-elevadordecanecasfaco/46426987. Acesso em: 30 jun. 2016.

FELLET, João. *As silenciosas mortes de brasileiros soterrados em armazéns de grãos*. 18 ago. 2018. Disponível em: https://www.bbc.com/portuguese/brasil=45213579-#:~:text-Um%20levantamento%20in%C3%A9dito%20feito%20pela%20BBC%20News%20Brasil%20revela%20que%2C%20desde%202009%2C%20ao%20menos%20106%20pessoas%20morreram%20em%20silos%20de%20gr%C3%A3os%20no%20pa%C3%ADs%2C%20a%20grande%20maioria%20por%20soterramento. Acesso em: 17 nov. 2023.

FERNANDES, João Cândido; MONTEIRO, Caio Italiano; SOUZA, Leandro Ramalho de; ROSSI, Paulo Henrique Lobo. *Manutenção corretiva*: manutenção e lubrificação de equipamentos. UNESP, Bauru, 2010. 12p. Disponível em: https://silo.tips/download/manutenao-corretiva. Acesso em: 22 ago. 2023.

FLUKE. *Medidores de vibração e testadores de vibração portáteis Fluke 805*. Disponível em: https://www.fluke.com/pt-br/produto/manutencao-mecanica/analise-de-vibracoes/fluke-805. Acesso em: 16 jun. 2023.

FLUKE. *Termovisor Fluke TiX580*. Disponível em: https://www.fluke.com/pt-br/produtos/cameras-termicas. Acesso em: 16 jun. 2023.

FOOD PROCESSING TECHNOLOGY & MACHINES. *Paddy and rice processing mills, paddy mill, rice mill, paddy machine, rice milling machine*. Print do vídeo no minuto 1:50.2019. Disponível em: https://www.youtube.com/watch?v=eAJBfyOixa0. Acesso em: 17 jun. 2023.

GADOTTI, Gizele Ingrid; OLIVEIRA, Alex Leal de; LUZ, Maria Laura Gomes Silva da; TILLMANN, Carlos Antônio da Costa. *Saúde e segurança do trabalho em unidades beneficiadoras de grãos e sementes*. Pelotas: Santa Cruz, 2015. 104p.

GADOTTI, Gizele Ingrid; RUFFATO, Solenir; NASCIMENTO, Wallace; AFONSO, Adriano. Manutenção pós-inundação em unidades armazenadoras. ABEAG, Nota Técnica 3/2024. 4p.

GHT. *Câmera térmica*. Disponível em: https://www.grupoht.com.br/camera-termica/. Acesso em: 16 jun. 2023.

GOMES, Sinésio. *Manutenção industrial*. Resumo de aulas de manutenção de sistemas eletroeletrônicos industriais ministradas no Curso Técnico em Eletroeletrônica. Aula 19 – Análise de temperatura com termômetro IR – máquina ligada. 29 mai. 2020. Disponível em: http://manutencaodesistemasindustriais.blogspot.com/2016/05/manutencao-industrial-aula-13-analise.html. Acesso em: 28 jul. 2023.

GRUPO NS. *Como escolher a correia ideal para o seu acionamento?* Correias em V. set. 2020. Disponível em: https://www.ns.com.br/blog/noticias/como-escolher-a-correia-ideal-para-o-seu-acionamento-correias-em-v/. Acesso em: 17 jun. 2023.

HELLEVANG, Ken; CRAWFORD, Ellen. Stored grain poses danger: never enter a bin When unloading grain or breaking up a mass grain. North Dakota State University. *NDSU Agriculture Communication*, Feb. 18, 2014. Disponível em: http://www.ag.ndsu.edu/news/newsreleases/2014/feb-17-2014/stored-grain-poses-danger. Acesso em: 11 jan. 2015.

IMETAL. *Registro de gaveta pneumático*. Disponível em: https://www.imetal.ind.br/index.php/produtos/imetal/dosagens/registro-de-gaveta-pneum%C3%A1tico-detail. Acesso em: 17 jun. 2023.

INFOCONTROL. *Introdução à vibração*. Disponível em: https://www.infocontrol.pt/artigos-tecnicos/introducao-a-vibracao/. Acesso em: 16 jun. 2023.

JHONROB. *Silos e secadores*. Elevador de canecas. 2023.

KAPLAN, Herbert. *Practical applications of infrared thermal sensing and imaging equipment*. 2. ed. SPIE Press. v.TT34, 1999.

KARDEC, Alan; NASCIF, Julio. *Manutenção*: função estratégica. Qualitymark, 2002. 272p.

LIPPEL. *Válvulas rotativas* – alimentação precisa de silos e equipamentos. Disponível em: https://www.lippel.com.br/movimentacao-e-dosagem/valvulas-rotativas-alimentacao-precisa-de-silos-e-equipamentos/. Acesso em: 17 jun. 2023.

LOSCILIA, Marcos. Conceitos de manutenção. 2019. Disponível em: https://pt.linkedin.com/pulse/conceitos-de-manuten%C3%A7%C3%A3o-marcos-loscilia. Acesso em: 10 jun. 2024.

LUZ, Carlos Alberto Silveira da. *Notas de aula de Operações Agroindustriais II*. Engenharia Agrícola – UFPel. 2009.

LUZ, Maria Laura Gomes Silva da; PERES, Wolmer Brod; GADOTTI, Gizele Ingrid; LUZ, Carlos Alberto Silveira da. Manutenção em unidades de beneficiamento de sementes - Parte I. Pelotas, *SeedNews*, v. 20, p. 44-47, nov. 2016.

LUZ, Maria Laura Gomes Silva da; PERES, Wolmer Brod; LUZ, Carlos Alberto Silveira da; GADOTTI, Gizele Ingrid. Manutenção em unidades de beneficiamento de sementes – Parte II. Pelotas, *SeedNews*, v. 21, p. 38-40, 2017.

MALLET, Adriano. Importância de cuidar silos verticais e armazéns de grãos. 01/07/2010. *Agrolink*. Disponível em: https://www.agrolink.com.br/colunistas/coluna/importancia--de-cuidar-silos-verticais-e-armazens-de-graos-_385953.html. Acesso em: 28 jun. 2017.

MALLET, Adriano. *Sistema de limpeza nas unidades armazenadoras*. 22/03/2010. Disponível em: https://www.agrolink.com.br/colunistas/sistema-de-limpeza-nas-unidades-armazenadoras_385876.html. Acesso em: 10 jun. 2024.

MANUTENÇÃO. PUC-Rio. s/d. Disponível em: https://www.maxwell.vrac.puc-rio.br/11021/11021_4.PDF. Acesso em: 10 out. 2021.

MÁRQUEZ, Luís Alberto Galdames. Arquitecto Técnico. *Interior armazém graneleiro*. Print do vídeo no minuto 0:17. 2018. Disponível em: https://www.youtube.com/watch?-v=1Oyt9vFnndM. Acesso em: 17 jun. 2023.

MENTEN, José Otávio; RAMIRO, Juliana. Tratamento de sementes tem custo baixo e garante rendimento da lavoura. *Boas práticas agronômicas*. 2019. Disponível em: https://boaspraticasagronomicas.org.br/boas-praticas-agronomicas-5/tratamento-de-sementes-tem-custo-baixo-e-garante-rendimento-da-lavoura/. Acesso em: 17 jun. 2023.

MERCADO LIVRE. *Breques para brunidora de arroz Mesel Máquinas para beneficiar*. Disponível em: https://produto.mercadolivre.com.br/MLB-2796109489-dois-breque-do-brunidor-maquina-de-arroz-beneficiadora-b7-_JM#position=1&search_layout=stack&type=item&tracking_id=1e493438-f4a2-4421-8eeb-d225e05fb2f4. Acesso em: 17 jun. 2023.

MERCADO LIVRE. *Pedra brunidora de arroz modelo Zx3*. Marca RCZ. Disponível em: https://produto.mercadolivre.com.br/MLB-1518145460-marreta-pedra-rebolo-brunidora-de-arroz-modelo-zx3-_JM#position=3&search_layout=stack&type=item&tracking_id=09f7d45a-c14a-4fd5-a2de-b52baf4e3e39. Acesso em: 17 jun. 2023.

MERCADO LIVRE. *Peneira para brunidor B7*. Marca RCZ. Disponível em: https://produto.mercadolivre.com.br/MLB-2761815169-peneira-brunidor-b7-_JM#position=9&search_layout=stack&type=item&tracking_id=d2d1f15b-a89a-472e-af31-1df20e001988. Acesso em: 17 jun. 2023.

MF MAGANIZE. *Mortes em silos*: alternativas para evitar acidentes. 13 mar. 2023. Disponível em: https://blog.mfrural.com.br/mortes-em-silos/. Acesso em: 17 nov. 2023.

MOBIL. *Lubrificação* – Curso básico. 8. ed. 48p. [apostila pdf]

Disponível em: https://pt.scribd.com/document/267067840/Apostila-Curso-Basico-MOBIL. Acesso em: 10 jun. 2024.

MOMESSO. *Centro de tratamento de sementes CTS VHS 20T*. Disponível em: https://momesso.ind.br/produtos/40/cts-vhs-20t. Acesso em: 17 jun. 2023.

MRE Ferramentas. *Câmera termográfica para manutenção preditiva Flir T600*. Disponível em: https://www.mreferramentas.com.br/termografia/camera-portatil/camera-termografica-para-manutencao-preditiva-flir-t600. Acesso em: 16 jun. 2023.

MTI. Guia de manutenção pneumática. *MTIBrasil*. Disponível em: https://mtibrasil.com.br/blog/pneumatica-geral/guia-de-manutencao-pneumatica/. Acesso em: 10 jun. 2024.

MULTIERRI. *Manutenção preditiva*. Disponível em: https://www.multierri.com.br/. Acesso em: 16 jun. 2023.

MUNIZ, Pablo Rodrigues; MENDES, Mariana Altoé. *Termografia infravermelha aplicada à manutenção elétrica* – dos fundamentos ao diagnóstico. Vitória: Edifes, 2019. 134p.

NORPEM Comercial. *Análise de vibração*. Disponível em: https://norpem.com.br/servicos/analise-de-vibracao/. Acesso em: 16 jun. 2023.

NPT. Norma de Procedimento Técnico. *NPT 027*, de 31 outubro de 2018. Unidades de armazenamento e/ou beneficiamento de produtos agrícolas e insumos Parte 1 – Regras Gerais. Corpo de Bombeiros do Paraná. Paraná, out 2018. 12p. Disponível em: https://www.bombeiros.pr.gov.br/sites/bombeiros/arquivos_restritos/files/documento/2018-12/NPT027Parte01.pdf. Acesso: 16 jun. 2016.

NPT. Norma de Procedimento Técnico. *NPT 027*, de 31 outubro de 2018. Unidades de armazenamento e/ou beneficiamento de produtos agrícolas e insumos Parte 02 – Grãos. Corpo de Bombeiros do Paraná. Paraná, out 2018. 15p. Disponível em: https://www.bombeiros.pr.gov.br/sites/bombeiros/arquivos_restritos/files/documento/2018-12/NPT_027_Parte_02_Graos_24OUTUBRO2018.pdf. Acesso: 16 jun. 2016.

NSK. Rolamentos. *Catálogo Geral de Rolamentos*. Junho 2013. Disponível em: https://nsk.com.br/uploads/Catalogo_Geral_Novo_Portugues.pdf. Acesso em: 18 jul. 2023.

OLIVEIRA, Alex Leal de. *Condições de segurança do trabalho em unidades de beneficiamento de sementes*. 2013. 56f. Dissertação (Mestrado em Ciência e Tecnologia de Sementes) – Faculdade de Agronomia Eliseu Maciel, UFPel, Pelotas.

OLIVEIRA, Alex Leal de; BAUDET, Leopoldo Mario. Trabalho seguro: a diferença na produção e beneficiamento de sementes. *Seed News*, Pelotas, v. 18, n. 2, 2014.

OSHA. Occupational Safety and Healthy adaministration. *OSHA Fact Sheet*. Worker entry in grain storage bins. 2002. Disponível em: https://www.osha.gov/sites/default/files/publications/grainstorageFACTSHEET.pdf. Acesso em: 18 jul. 2023.

PERES, Wolmer Brod. *Manutenção dos equipamentos de UBS*. Engenharia Agrícola, CEng, UFPel, Fundação Pró-sementes, Apassul, s.d. 12f.

PERES, Wolmer Brod. *Manutenção dos equipamentos*. Engenharia Agrícola, CEng, UFPel. 48 slides. 2017. (Material de aula da disciplina de Engenharia de Processamento Agroindustrial II)

PERES, Wolmer Brod. *Notas de aula de Engenharia de Processamento Agroindustrial II*. Engenharia Agrícola – UFPel. 2017.

PEROZIN. *Indústria metalúrgica*. Elevador rosca varredora. Disponível em: https://www.perozin.com.br/verprodutos.php?id=438. Acesso em: 17 jun. 2023.

PIMENTEL, Marco Aurélio Guerra; MENDES, Simone Martins; OLIVEIRA, Ivênio Rubens de. Indicações técnicas para controle de pragas e armazenamento de grãos de sorgo. *Embrapa*. Circular Técnica 251. Sete Lagoas-MG, mai. 2019. Disponível em: https://ainfo.cnptia.embrapa.br/digital/bitstream/item/198013/1/circ-251.pdf. Acesso em: 28 jul. 2023.

POLO DO EPI. *Protetor auricular 3M plus tipo plug 18db atenuação* – 3M pomp plus. Disponível em: https://www.polodoepi.com.br/protetor-auricular-3m-plus-tipo-plug-18db-atenuacao-3m-pomp-plus/p. Acesso em: 16 jun. 2023.

PRADO SILOS. *Aeration systems*. Disponível em: https://pradosilos.com/aeration-systems/. Acesso em: 17 jun. 2023.

REVISTA RURAL. *Kepler Weber lança novo secador de grãos*, jul. 2021. Disponível em: https://www.revistarural.com.br/2021/07/12/kepler-weber-lancar-novo-secador-de-graos/. Acesso em: 17 jun. 2023.

RIBAS, Paulo Vicente; CHANSELME, Jean-Luc. *Manual de beneficiamento de algodão*. Cap. 11 – Manutenção nas algodoeiras, p. 229-245. 2014, 2. ed. AMPA, IMA-MT, Cuiabá.

RIBEIRO, Iuri; SILVA JR., Sirlei Rocha da; DUARTE, Pedro Henrique. Emprego da termografia na inspeção preditiva. *Revista de Valor*, Revista de divulgação de Projeto Universidade Petrobras e IF Fluminense, Campos, v. 2, n. 1, p. 37-39, 2012.

ROZENFELD, Henrique; FORCELLINI, Fernando Antônio; AMARAL, Daniel Capaldo; TOLEDO, José Carlos de; SILVA, Sergio Luis da; ALLIPRANDINI, Dário Henrique; SCALICE, Régis Kovacs. *Gestão de desenvolvimento de produtos*: uma referência para a melhoria do processo. São Paulo: Saraiva, 2006.

SALCAS. *Termovisor Fluke TI400*. Disponível em: https://www.salcas.com.br/termovisor-fluke-ti400. Acesso em: 16 jun. 2023.

SATAKE. *Brunidor vertical para arroz VTA5AA-L*. 2020. Disponível em: https://www.satake.com.br/brunidor-vertical-para-arroz-2/. Acesso em: 17 jun. 2023.

SOLUSEG. *Capacete Plt C/ Selo Inmetro e Carneira - Azul - CA 31469*. Disponível em: https://www.solusegepi.com.br/produto/capacete-de-seguranca-plt-azul-plastcor-ca-31469/?gad_source=1&gclid=CjwKCAjwjqWzBhAqEiwAQmtgT56mTbbDOfQ5nqNryWdwk8Ipm59r3tSyTnD3byfLxpCdgQWZDtSYfhoCqj4QAvD_BwE. Acesso em: 12 jun. 2024.

SHERIQUE, Jacques. *NR-12*: passo a passo para a implantação. São Paulo: LTr, 2016. Disponível em: http://www.ltr.com.br/loja/folheie/5053.pdf. Acesso em: 10 jun. 2024.

SHIGLEY, Joseph E.; MISCHKE, Charles R.; BUDYNAS, Richard G. *Projeto de engenharia mecânica*. 7. ed. Porto Alegre: Bookman, 2005.

SIAGRE. *Informações sobre segurança em unidades armazenadoras*. Disponível em: https://www.siagri.com.br/seguranca-no-armazem/. Acesso em: 12 jun. 2024.

SILOMAX. *Mesa densimétrica* – SDS-120. Disponível em: https://www.silomax.com.br/produtos/mesa-densimetrica/mesa-densimetrica-sds-120. Acesso em: 17 jun. 2023.

SILVA, Gladimir Pinto da. *Manutenção preditiva*: confiabilidade e qualidade. IF-Sul, Pelotas. 20xx. (Material de aula)

SILVA, Luís César da. Armazenagem: transporte de grãos. Pelotas, *Cultivar Máquinas*, Ano III, n.35, p.28-31, out. 2004. Disponível em: http://www.agais.com/manuscript/ ag0605_manu_transportadores.pdf. Acesso em: 11 nov. 2016.

SILVA, Luís César da. Manutenções em unidades armazenadoras. *Revista Granja*, Ano 61, n.674, fev. 2005, p.28–33. Disponível em: http://www.agais.com/manuscript/ ag0705_manu_ua.pdf. Acesso em: 11 nov. 2016.

SILVA, Luís César da. Operação de fornalhas em secadores cascata. AGAIS, 31/07/2008. *Agrolink*. Disponível em: https://www.agrolink.com.br/armazenagem/noticia/operacao-de-fornalhas-em-secadores-cascata_73652.html. Acesso em: 27 jun.2017.

SILVA, Luís César da; QUEIROZ, Daniel Marçal de; FLORES, Rolando Arturo. Estimativa e custos operacionais em unidades armazenadoras de grãos por meio de simulação. Viçosa, *Revista Brasileira de Armazenamento*, v. 31, n. 1, p. 1-7, 2006. Disponível em: http://www.agais.com/manuscript/custos_operacionais_ua.pdf. Acesso: 02 jul. 2017.

SILVA, Leonardo Roberto da. *Manutenção de máquinas e equipamentos industriais* – MMEI – CEFET-MG. Manutenção mecânica, s.d. Disponível em: https://slideplayer.com.br/slide/17117900/. Acesso em: 28 jul. 2023.

SINDICON MG. *Uso de equipamentos de proteção individual é lei*. 04 mai. 2016. Disponível em: https://www.sindiconmg.org.br/noticiasy.php?n=47. Acesso em: 16 jun. 2023.

SKF. *Caneta de vibração*. Disponível em: https://www.compreskf.com.br/p/2227447/caneta-de-vibracao-skf-cmas-100-sl-unitario. Acesso em: 16 jun. 2023.

SKF. *Produtos SKF par manutenção e lubrificação*. 2024. 188 p. Disponível em: https://www.atibrasil.com.br/img/cms/Catalogos/03000_PTBR_Lubrifica%C3%A7%C3%A3o.pdf. Acesso em 24 jul. 2024.

SOLUÇÕES em Termografia. Disponível em: https://www.docsity.com/pt/apostila-termografia-te-01/4772719/. Acesso em: 10 jun. 2024.

TAVARES, Lourival. *Administração moderna da manutenção*. Rio de Janeiro: Novo Pólo Publicações, 1999.

TECH-AIR. *Ventiladores centrífugos*. Disponível em: http://www.tech-air.com.br/produtos/ventiladores-centrifugos-industriais/. Acesso em: 24 jul. 2024.

TECNOWOOD. *Acessórios para transportadores*. Disponível em: http://www.tecnowood.ind.br/acessorios-transportadores.html. Acesso em: 24 jul. 2024.

TEIXEIRA, Renato N. *Treinamento básico lubrificação*. NSK Brasil, Klüber Lubrication. 2004. 96p. [apostila pdf]

TEKNIKAO. *Medidor de vibrações NK300*. Disponível em: https://www.teknikao.com.br/medidor-nk300. Acesso em: 20 jun. 2023.

TEMPLUM – Consultoria Ilimitada. *O que é manutenção preditiva?* 2013. Disponível em: http://certificacaoiso.com.br/e-manutencao-preditiva-2/. Acesso em: 30 jun. 2016.

TERRA FORTE. *Unidade de beneficiamento de sementes*. CIMISA. Disponível em: https://terrafortemaquinas.com.br/categoria/produtos/cimisa/unidade-de-beneficiamento-de-sementes/. Acesso em: 12 jun. 2024.

TERRANOVA. *Correia para esteira transportadora*. Disponível em: https://www.terranova-distribuidora.com.br/correia-para-esteira-transportadora.php. Acesso em: 17 jun. 2023.

UNIVERSIDADE FEDERAL DO RIO DE JANEIRO. *Riscos no trabalho em silos e armazéns*. Disponível em: http://www.ufrrj.br/institutos/it/de/acidentes/silo.htm. Acesso em: 18 jul. 2023.

VIBRAMAX. *Máquinas e equipamentos*. Disponível em: https://www.vibramax.com.br/rosca-transportadora-preco. Acesso em: 17 jun. 2023.

VIKON. *Análise de vibrações mecânicas*, 02 mar. 2017. Disponível em: https://vikon.com.br/analise-de-vibracoes-mecanicas/. Acesso em: 16 jun. 2023.

WOLF, Alyson Prado; RIGO, Jean Felipe Machado; SOUZA, Marlon Barbetto de. *Manutenção e lubrificação de mancais de rolamento e rolamentos industriais*. Departamento de Engenharia Mecânica. Universidade Estadual de Maringá-PR. 201x. 10p.

XAVIER, Júlio Nascif. *Manutenção*: tipos e tendências. Belo Horizonte: TECÉM – Tecnologia Empresarial Ltda., 2014. 3p. Disponível em: http://engeman.com.br/pt-br/artigos-tecnicos/manutencao-tipos-e-tendencias/P3. Acesso em: 25 jun. 2016.

ZACCARIA. *Classificação por tamanho*. Classificador trieur para cereais. Disponível em: https://www.zaccaria.com.br/site/por/produtos-detalhes/52/triz2bp--classificador-trieur-bipartido-para-cereais--. Acesso em: 17 jun. 2023.

ZACCARIA. *Descascador de arroz*. Disponível em: https://www.zaccaria.com.br/site/por/produtos-detalhes/19/daz7000si--descascador-para-arroz--. Acesso em: 17 jun. 2023.

ZACCARIA. *Mesa densimétrica* – MDZ-120. Disponível em: https://www.zaccaria.com.br/site/por/produtos-detalhes/35/mdz120-mesa-densimetrica--. Acesso em: 17 jun. 2023.

ZONA DE RISCO. *Armazéns de grãos*: mortes silenciosas de trabalhadores. 22 set. 2018. Disponível em: https://zonaderisco.blogspot.com/2018/09/armazens-de-graos-mortes-silenciosas-de.html. Acesso em: 18 jul. 2023.

GRÁFICA PAYM
Tel. [11] 4392-3344
paym@graficapaym.com.br